笛箫制作荟萃

主　编：董雪华　黄卫东　周　晴
副主编：周林生　李德华

中国文联出版社

图书在版编目（C I P）数据

笛箫制作荟萃 / 董雪华，黄卫东，周晴主编. -- 北京 : 中国文联出版社，2024.5
ISBN 978-7-5190-5422-9

Ⅰ. ①笛… Ⅱ. ①董… ②黄… ③周… Ⅲ. ①笛子－乐器制造－基本知识②洞箫－乐器制造－基本知识 Ⅳ. ① TS953.22

中国国家版本馆 CIP 数据核字 (2023) 第 257441 号

主　　编　董雪华　黄卫东　周　晴
责任编辑　高韵洁
责任校对　秀点校对
装帧设计　刘胜生

出版发行　中国文联出版社有限公司
社　　址　北京市朝阳区农展馆南里 10 号　　　邮编　100125
电　　话　010-85923025（发行部）　010-85923091（总编室）
经　　销　全国新华书店等
印　　刷　三河市龙大印装有限公司

开　　本　710 毫米 ×1000 毫米　　1/16
印　　张　12.5
字　　数　176 千字
版　　次　2024 年 5 月第 1 版第 1 次印刷
定　　价　68.00 元

主编单位： 杭州市余杭区中泰街道办事处

杭州铜音竹笛文化艺术研究院

杭州竹笛行业协会

主　　编： 董雪华、黄卫东、周晴

副 主 编： 周林生、李德华

封面题字： 陆春龄

封面设计： 刘胜生

电脑编辑： 祁麟

顾　　问： 陆春龄、赵松庭、俞逊发、戴金生、唐俊乔、丰元凯、屠式璠、蔡鸿文、董仲彬、陈鸿燕、蒋国基、周林生、吴继红、应有勤、李双、白小琪、胡玉林、王键等（排名不分先后）

编　　委： 丰元凯、徐登朝、周林生、蔡鸿文、吴继红、赵景国、祁麟、孔令成、罗刚、董卫清、李德华、陈俊洪、孙亮、鲍雪海、丁一明、杜方平、董生华、董生荣、丁小林、王建宏、丁竹一、王小刚、万强、李西、王海庆、陈华东、潘伟国、傅延庆、丁聪、黄志喜、鲍永存、鲍林峰、丁志刚、董英豪、丁杨志、黄文杰、徐建伟、张雨、张昭、冯琛、王武、董婷、丁敏、曾嘉、鲍向前、鲍向科、董寅聪、鲍利鹏、施飞云、李俊杰、姜锐、赵锋等（排名不分先后）

前　言

本书是中国笛箫几千年历史上第一本制作专著。由中国竹笛之乡——杭州余杭中泰的几十位著名笛箫制作师，集长期生产实践经验，历经多年，集体编写而成。

本书从山上伐竹工艺开始，按笛箫制作流程，一步一步将笛箫制作各个工序展示在读者面前。其中，不乏有从不公开的制作秘诀与成功经验。相信每一位笛箫爱好者，无论是专业的还是业余的，都会为拥有这样一本书而感到高兴。

本书图文并茂，通俗易懂，将深奥的不传之秘与手艺，坦露在大众面前。为此，一代宗师陆春龄先生欣然提笔，为本书题写了书名。

2021 年 6 月 17 日 9 时 22 分，神舟十二号航天员聂海胜在太空仓里，手里拿着印有“中泰竹笛”字样的竹笛，中泰竹笛上天了！这是笛乡的乡亲们三十多年的努力，作为一个参与者与见证者，我倍感欣慰和荣幸。

回顾往事，当年为笛乡撒下汗水的上海师傅还有：殷万银（联营厂长）、陈建萍（高级制作专家）、顾锦康（质检负责人）、王金保（雕刻技师）、朱万保（材料行家）、周林生（技术顾问）等。

随着时光的流逝，他们会逐渐淡出笛乡的记忆。可是，笛箫制作事业却永远扎根在这片土地上，开花结果直至永远。

周林生

目 录

苏州笛、上海笛、中泰笛

周林生

千百年来苏州笛一直独领风骚，在中国民族乐器领域中占有很重要的地位，其渊源可以追溯到两千多年前的春秋吴越文化。

苏州笛也称苏笛。其实，广义上的苏笛还应包括江苏的无锡、江阴、常州、昆山一带的笛子。苏笛历史悠久、工艺精湛、选材讲究，历史上曾出现过许多苏笛的制作高手。苏州近代著名的笛箫制作家有邹叙生、周筱楠、贾耀亮等。

图 1

一百多年来，随着上海的崛起，苏州、无锡、江阴、常州、昆山一带的笛箫制作师们纷纷到上海开业，逐渐形成了具有海派文化特点的上海笛

箫。上海笛箫制作的发展一方面是苏笛技艺的衍生和发展，另一方面和中国近代民族音乐巨擘——江阴人郑觐文、郑玉荪父子分不开。

郑觐文在乐理和乐律方面有着渊博的学识和深厚的功力，1920年在上海创立“大同乐会”，大同乐会的许多成员后来都成为中国民族音乐领域里的栋梁。大同乐会设有乐器制作工厂，也制作笛箫。

他的学生无锡人杨荫浏先生，在笛箫制作上也有很深的研究。他是中华人民共和国成立后中央音乐学院民族音乐研究所第一任所长，盲人阿炳和他的《二泉映月》等曲，就是经杨先生发掘才蜚声中外。

在郑觐文、杨荫浏的带领下，上海的笛箫制作师开始用科学的方法来计算笛箫的规格尺寸，使上海笛箫在音律、音质等方面更能适合中西音乐文化的需要。上海和全国的笛子演奏家们也对上海笛箫提出了适合自己演奏的各种要求。笛箫大师赵松庭先生更是把他潜心研究的“竹笛频率计算和运用”的成果，传授给当时上海的笛箫制作师周林生。

从中华人民共和国成立初期到20世纪七八十年代，上海笛箫一直是中国民族乐器中响当当的一个名牌，制作人才济济，有周来有、徐六四、陈建萍、常敦明、王益亮、韦世德、周林生等。

1984年冬季，陆春龄先生的弟子俞逊发、周林生首次开发铜岭桥制笛事业，并倡导与上海民族乐器一厂、苏州民族乐器一厂成功办起了笛箫联营厂。陆春龄先生对中国竹笛之乡的发起与发展，起到了至关重要的作用。

中泰笛箫产生于1985年5月1日。凭借中泰原料的优势，运用苏笛、上海笛的制作工艺和先进的制作理念，使中泰的高档专业笛一出现，就受到广大用户尤其是专业演奏家群体的关心。赵松庭以及刘森、俞逊发、张维良、蒋国基等几乎所有的笛箫演奏家们都给予热情的支持。

1986年，经浙江外贸销往台湾的中泰笛就有近万支，受到台湾文化界的欢迎，是大陆笛几十年来第一次出现在台湾市场，起到了沟通海峡两岸文化交流的良好作用。

1987年，上海铜岭桥联营厂开办，生产普及笛箫。继而又办起苏州东溪桥联营厂，生产半成品笛箫。为此，苏州和上海为中泰笛箫的发展打下了良好的基础。近30年来，中泰笛箫生产像雨后春笋般地蓬勃发展。截至目前，已有130家笛箫作坊，就业人员近千人，产值近1亿元。

中泰笛箫在生产上还采用了苏州和上海尚未使用过的“激光雕刻”“电脑钻孔”“铜套拉管”“电炉烤竹”“刨皮磨光一次完成”等工艺，大大提高了笛箫的质量与产量，使中泰笛箫尤其是高档专业笛箫无论在材质上、工艺外观上，还是音质上都较苏州、上海的笛箫有更大的提高。

中泰笛箫是苏州、上海笛箫的衍生和发展，也是中国笛箫一次历史性的“回家”，千百年来，中国的笛箫就是从余杭中泰迈出的第一步。

杭州余杭历史源远流长。据说大禹治水航行到这儿，弃舟登陆，所以余杭也叫“禹航”。

据《余杭县志》记载：余杭西南泰山盛产苦竹，泰山苦竹以铜岭桥为最。千百年来，余杭苦竹通过京杭大运河运输到全国各地。用余杭苦竹制成的笛，在北方叫作梆笛，在南方，尤其在昆曲的发祥地苏州，以及昆山、无锡一带流行的笛叫作曲笛，也叫作昆笛。

据《余杭县志》记载：历史上，浙江余杭中泰铜岭桥一带就盛产制笛的竹料。隋炀帝开挖京杭大运河后，大运河的南端就在余杭。于是，每年大量制笛的竹料通过大运河运送到全国各地。在中国国家博物馆收藏着两份有关史料：康熙五十二年（1713）、咸丰十年（1860）朝廷两次下圣旨给苏州织造局，命周溪兰乐器店制笛师钱金达、张玉成及李喜等，先后赴余杭山区采竹进宫制笛。民国年间，余杭山区的竹商马顺根、胡友利、徐天福等每年都将制笛竹料装载木船上，通过大运河运送到苏州、上海等地的乐器作坊中去。

中泰乡是“中国竹笛的故乡”。千百年来，余杭中泰的苦竹，为绚丽多彩的中国竹笛文化做出了巨大而又默默无闻的贡献。一件乐器的制作，除了原料、制作工艺外，还和制作者本身的知识结构、智力能力有很大关系。

中泰杰出的笛箫制作者中，代表人物有董雪华、董生华、丁小明、黄

卫东、丁小林、李德华等。

董雪华，中泰铜岭桥人，从小学习笛子演奏，曾在余杭区文艺会演中获得独奏金奖，受过较正规的乐理和视唱练耳训练。创办“灵声笛箫”品牌后，得到了笛箫宗师陆春龄、赵松庭等先生的关怀。到北京开业后，又得到张维良、戴亚等中国竹笛一流的艺术家的指点，并在中国音乐学院进修三年，音乐文化素养快速地提高。江泽民同志曾多次指示中央有关部门指定董雪华生产的“灵声笛”作为国礼赠送贵宾。2005 年 9 月，他作为大陆笛箫制作第一人应邀赴台湾讲学，被台湾高等院校聘为笛箫制作顾问。2006 年，随浙江歌舞剧院出访欧洲六国，在维也纳金色大厅与各国艺术家、乐器制作大师进行交流。

丁小明，16 岁学习制笛，和演奏家们有长期广泛的交往，其笛箫深得专家们好评。

黄卫东创办了“竹韵”笛箫品牌，尤其难能可贵的是，他长期与笛艺大师俞逊发先生合作，在俞大师的指导帮助下，他的笛子演奏水平、文化音乐知识都有很大的长进。他的“竹韵”品牌和董雪华的“灵声”品牌已成为中国竹笛的龙头产品。前些年，他还应邀赴香港进行笛箫艺术交流和举办讲座。

丁小林是唯一得到上海三位笛箫师父制作真传的制作家（顾锦康、韦世德、周林生）。他的技术全面，功底深厚。

李德华是近年来在中泰众多的笛箫制作者中脱颖而出的制笛新秀。他的“鹂音”笛箫成为很有影响力的品牌之一。许多著名笛子演奏家在吹过他的笛箫后，称赞他的笛箫中有“师父”做的笛箫韵味。其他像“雪海”“南音”“文苑”“竹艺”“风雅宫”“天韵”“我韵”等品牌，在演奏家和用户中都有很好的口碑。

每年在上海、北京的乐器展销会上，中泰乡有近百家笛厂参展，组成一个庞大的“中泰兵团”，产品占市场的 80% 左右，所以只要一提起笛箫，人们就会联想起中泰笛箫。在中国各地大中小城市，包括海外，只要有华人的地方都有中泰笛箫的出现。

中泰笛箫是苏笛、上海笛的衍生和发展，是中国竹笛千百年来的历史回归。它是站在苏州、上海巨人肩膀上的年轻的笛箫品牌，有着无限的发展空间。

（2011 年 6 月 14 日在“中国竹笛之乡”专家评审会议上的发言整理）

【作者简介】

周林生，祖籍江苏无锡，6 岁随父学笛，8 岁随高志远先生、陈重先生学习江南丝竹。16 岁进上海民族乐器一厂，拜徐六四先生、赵登良先生为师学习制笛，拜陆春龄先生为师学习吹笛。其间，还随郑玉荪先生、赵松庭先生学笛律，随简广易先生、刘森先生学习吹笛。1978 年考入上海师范学院艺术系（主课老师陆春龄）。

1984 年冬季，受陆春龄先生嘱咐，赴杭州余杭中泰山区开发制笛，传授制笛技艺，授徒无数。经过 30 多年努力，该地已成为著名的中国竹笛之乡，周林生也被喻为中国竹笛之乡的“制笛之父”。

上海近代笛箫制作师承

周林生

乐器行业中有一句行话："苏笛，玉屏箫。"其意思是苏州的笛子与贵州玉屏的箫是全国闻名的。事实也是如此。苏州的笛子（尤其是曲笛）具有悠久的历史与精湛考究的传统制作工艺，在昆曲伴奏、苏南吹打以及其他地方戏曲、民间音乐的演奏中，历来被人们视为上乘佳品。上海笛箫生产起始于光绪年间。那时，有从苏州学艺的师傅到上海开设"姚永兴"乐器店。后来，这种技艺传了下来。到近代上海的许多制作笛箫的老一辈（如周来有、徐六四、赵登良、朱万保、陈建萍

图 1

图 2

等），既继承了前辈的工艺技术，又发展了上海笛箫制作技术。

在中华人民共和国成立前后，吹笛箫的人大都知道“法华周来有”（“法华”是上海法华镇路），且都喜欢使用周来有制作的笛箫。他制作的笛箫，选材考究，做工精细。他乐意听取用户提出的各种改进意见，从而使他制作的笛箫无论在吹奏或者是工艺、外观上都具有很高的价值，在同行与用户中享有很高的声誉。当时，享有盛名的江南丝竹老前辈蔡子卫、金肖伯以及金祖礼、陆春龄、陈重等著名笛子演奏家，都喜欢选购周来有制作的笛箫，往往一次就购买一大批，作为赠送朋友与学生吹奏的佳品。

与周来有同住法华的徐六四师傅，则以制作洞箫与刀法出众而著称。他做的箫受到王巽之（王昌元之父）、孙裕德等专家的欢迎。他开的音孔呈鹅蛋形，不但个个一模一样，而且外口和里面都圆润光洁，除了鹅蛋形音孔外，他还擅长开挖桃子形以及古钱形的音孔。可惜像这样的绝技，因后来采用机器开孔，而很少再为青年一代所继承。

由于居住在法华的还有许多其他制作笛箫的师傅以及他们的徒弟，故而法华的笛箫远近闻名。后来，周来有、徐六四以及他们的徒弟，都成了上海民族乐器厂制作笛箫的中坚力量，常敦明（工艺师，上海民族乐器一厂厂长）、顾锦康等都师从周来有，而陆续制作过高级定音专业笛箫的徐玉珍（徐六四之女）、韦世德、殷万银、王益良以及笔者等，则拜徐六四、赵登良为师。制笛高手除了云集法华者外，还有一位是居住在上海嵩山路的罗松泉（外号叫三毛）。他从大同乐会郑觐文（中国近代民族音乐家）、郑玉荪父子俩处学得笛箫定音定调的计算方法，做出的笛箫声音优美、音准好，深受民族音乐界、戏曲界笛手的欢迎。与法华正宗的制笛师相比，他的优点是擅长制作各种不同音调的笛箫，运用计算方法求得准确的开孔位置，这在当时的制笛行业中是先进的；有所欠缺的是，他不是“科班”出身，制作工艺比法华正宗制笛师要差，有些工艺还要求助于别人。尽管如此，他仍不失为上海近代制作定音笛箫的祖师。还有一些制笛师（如章产明、历阿根、童中秋等）都散居在上海广东路、城隍庙、小东门一带。他们大多数也都师承于上海“姚永兴”乐器店或苏州。笛箫雕刻师傅有曹

寿堂、章自强、史书全、王全保、张云秋。他们在笛箫上雕刻各种古朴典雅的诗词以及飞龙舞凤、花草鸟虫，使笛箫的工艺性、观赏性更强了。他们之中，曹寿堂精刻各种书法字体，章自强擅长花草鸟虫。他们的竹刻技艺大都师出于上海民间与苏州。

罗松泉爱喝酒，晚年患肺病，经常吐血，病入膏肓。为了不使他的制笛技术和经验后继无人，领导上派年轻的赵三才师傅跟罗松泉学艺。赵三才本是朱万保的徒弟，与现仍在上海民族乐器厂的翟长艾是师兄弟。他喜爱笛子，能吹奏《小放牛》《快乐的农村》等传统乐曲，这在当时的制笛行业中也是不多见的。罗松泉去世后，赵三才就担任起制作高级定音专业笛箫的任务。在陆春龄等笛子演奏家的帮助下，他的演奏、制作都提高得很快，制作的笛箫深受演奏家们的欢迎。三年困难时期，赵三才下放了，现在的老一辈笛子演奏家们仍不时提起他的名字。

继赵三才后担任制作高级定音专业笛箫的是常敦明、周来有、陈建萍。常敦明不但具有扎实的制作技术，而且吹奏水平也不错。他对专家们提出的意见和要求能认真地理解并付诸实验。1964 年，常敦明与周来有、陈建萍、曹寿堂配合制作了一批高级笛子，由陆春龄、陈重、吴逸群等演奏专家从中鉴选出的笛子参加了全国民族乐器质量评比，首次夺魁。

继常敦明、周来有、陈建萍之后，先后担任制作高级专业笛箫的有徐玉珍、韦世德（已转业）、王益良及笔者（已转业）等。王益良与笔者在未进厂学艺之前是黄浦区少年宫艺术团的笛手，师承高志远先生。高先生有深厚的民族音乐素养与演奏功底，精通二胡、笛箫、扬琴等。上海笛子夺魁之后，高先生推荐王益良和笔者进厂学习制作笛箫，拜徐六四、赵登良为师，并得到常敦明、周来有以及郑玉荪等老一辈的指导；在演奏技术上又陆续得到陆春龄、陈重、赵松庭、刘森、简广易、孔庆宝、俞逊发、戴金生、高海等演奏家的辅导。至此，有必要提一下郑玉荪老先生。他早年攻读地质、水利，后继承父业，致力于民族音乐研究与笛箫的改革。其女儿郑世安与义女王梅月目前在上海民族乐器一厂工作。

1964—1966年，年已八旬的郑玉荪先生为了将笛箫的制作计算法传授给青年一代，无论是盛夏还是严冬，每个星期日都放弃休息，从家中步行到南市的车间，所学者有王梅月、赵冬寿（赵登良之子）、韦世德、王益良、张桂珍及笔者。他常说："目前生产的笛箫音准差，对普及文化教育、对孩子的听音能力都会带来不良影响，我们这个工作很有意义，学好了可以改变笛箫生产的落后面貌。"他的计算方法，运用在生产中使笛箫音准误差率降低，故而有许多外地的制笛师都求学于他（如开封民族乐器厂的沙于诚等）。不久前，笔者曾在一个杂志上看到杨荫浏老先生的文章，得知郑老的笛箫制作计算法是杨老所教，至于以后郑老是否有修改与发展，则不详了。

假如说罗松泉、赵三才是处于上海笛箫发展的萌芽时期，而常敦明、周来有、陈建萍是处于上海笛箫的成名时期，那么再后一个阶段则可以说是上海笛箫发展的全盛时期。这一时期，制作高级专业笛箫除老一辈的周来有、陈建萍外（常敦明脱产做领导工作），还有徐玉珍、韦世德、王益良和笔者等。这样一个力量强大、阵容整齐的编组，使上海的笛箫

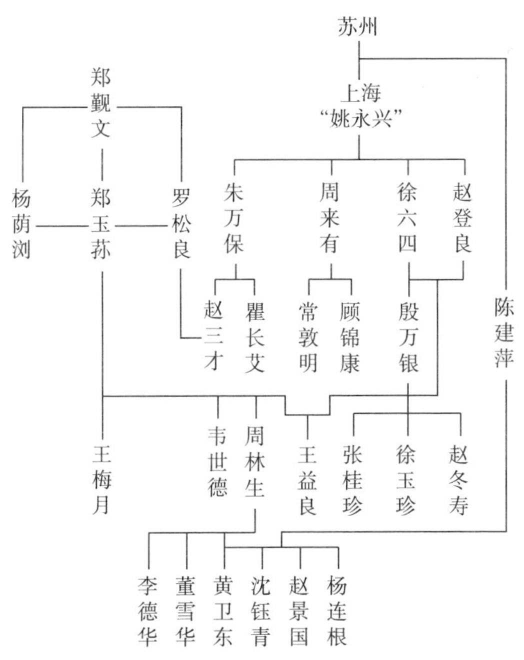

图3　上海近代笛箫制作师承系谱

无论在制作工艺上还是在音准、音色等方面都达到了一个前所未有的新阶段。

目前，在上海制作笛箫的年轻佼佼者有沈钰青、赵景国。他俩俱拜陈建萍为师。沈钰青1971年进厂，刻苦学艺，曾数年笛不离身，在制作与吹奏上苦下功夫。他听觉灵敏，善思多想，埋头拼搏。他与云南省歌舞团张祖豫一起改革成功的加键巴乌，音色优美洪亮，音域宽广，在国内外都获得了很好的评价。他还与广西歌舞团的同志一起改革了加键双管制笛以及其他吹管乐器。赵景国1972年小学毕业后，进上海民族乐器一厂厂办工业中学就学。他一面学习文化知识，一面学习制作技术与演奏技术。目前，他的演奏技术已达到很高的水平，能演奏一些难度较大的创作曲与传统曲。他所制作的笛箫也已崭露头角，开始受到专业演奏者的欢迎。

从上海近代笛箫制作的发展可以看出，一个优秀的笛箫制作者，除了需要有强烈的事业心外，还应该继承优良的传统制作工艺技术，具备尽可能精深的演奏技术、相当准确的听音能力、基本的物理声学知识以及尽可能丰富的音乐知识与文化知识。这样，他制作的笛箫才会在吹奏工艺和观赏性上都具有很高的价值。也只有这样，当音乐的发展要求乐器与之相适应时，他能很快地调动自己的知识结构与技能来完成改革、发扬和创新的重任。新一代的笛箫制作者应该是具有如此能力的人。

董仲彬先生关于中泰竹笛制作历史的回忆

董仲彬

1984年11月初，上海周林生老师、俞逊发先生、胡锡敏先生三人在余杭镇的朋友陪同下，来到铜岭桥竹器工艺厂，当时我是竹器工艺厂的厂长。据朋友介绍说，俞逊发先生是中国笛子吹得最好的，而周老师是中国笛子做得最好的，他们来铜岭桥，想托竹器厂搞些笛竹。在付了定金之后，他们就回上海了。临走前，周老师要了我的通信地址。（那个时候还没有电话）

竹器工艺厂是我们铜岭桥大队（村）的集体企业，主要生产竹制品，如书架、屏风、花架、工业用竹等。另外出售给上海民族乐器一厂的笛竹，是锯成一截一截后分等级计算的。当时竹器厂所有竹制品价格低廉，利润很少。笛竹的价格在每一截三分至一角之间。上海民乐一厂派人来我们厂分类验收，然后运往上海。

周老师他们回上海后，过了十几天，我就收到了周林生老师写给我的信。信中说："铜岭桥出产优质的笛竹，做出来的竹笛声音特别好，上海民乐一厂的采购员几乎跑遍了全国所有出竹子的地方，但是都没有铜岭桥村包括周边大部分村的材料好。所以上海和苏州都用这里的笛竹制笛。并且你们有厂房，劳动力也充足，这些都是优势。你们为什么不做笛子？如果想做的话，我愿意帮助你们。"

我读完信后，当时觉得没有底气，因为对制笛这项工作太陌生了，怕亏本。之后，周老师又陆续写信对我说："虽然做笛子赚不了大钱，总比你们的竹制品的利润要高一些。"这句话让我有些动心了。

1985年4月某一天，我和厂里供销员去上海处理一件竹器厂的业务事宜，当天下午我们就去了周老师家，我们商量了筹备事宜。他开了清单，要我们回去准备一些干燥竹料和设备。届时，他也会带些制作的小工具小配件过来的，时间就定在1985年5月1日国际劳动节开工。

周老师16岁受他的老师陈重先生、高志远先生推荐，进上海民乐一厂学习制笛。拜徐六四先生、赵登良先生为师，又长期跟随名师周来有先生身边学手艺，跟大同乐会郑玉荪先生学笛律，跟赵松庭先生学横笛频率计算与运用。恢复高考后，考入上海师范学院艺术系音乐教育专业，毕业后在一个中学任音乐老师。

那时，他几乎每周五晚上都乘绿皮火车到杭州，周六天还未亮，又赶上杭州到余杭镇的头班公交车，然后在余杭镇换乘早班车，到铜岭桥时，大部分村民还没起床呢。有好几次遇到下雪不通车，他就从余杭镇步行

图1

（14公里）到村里。周六晚上住在铜岭桥徒弟家。周日下午3:40乘汽车到余杭镇，到杭州，然后又乘夜火车赶回上海，周一早上到学校上课。基本上每周都这样来回奔波。学校放暑假寒假，就索性长住在铜岭桥，传授制笛技术，开设吹笛制笛讲座，办培训班。

刚开始，竹器厂派四个小青年跟周老师学艺，分别是黄卫东、鲍为德、冯金才、丁小红。开始把老村委办公室当作坊，后来转移到村畜牧场（王道里老小学），扩大规模后又转移到大礼堂办公室。

笛子的销售渠道也是周老师带来的，和周老师的朋友台湾客户水先生签订了一个六千支笛子供销合同。我们找了浙江省工艺品进出口公司，通过这个公司把笛子分批发出去，销往中国香港、台湾等地。由于这个合同数量比较大，厂里又招了董生华、丁小明、鲍丽群、董丽英等人跟周老师学艺。

1986年7月笛子开始投产。有一天周老师跟我说，当前都在搞城乡联营办厂，我们打算请陆春龄先生给上海民族乐器一厂传递信息，主动表示联营意向。陆先生就把这个信息转告了上海民乐一厂。出于互惠考虑，当年10月，厂长常敦明先生就带领厂部一些干部来铜岭桥，双方谈了联营的事，当日还签了联营意向书，并约定择日到上海厂协商联营的具体事项。11月，我们厂收到上海厂的通知，双方在上海厂商谈联营事宜，竹器厂去了董仲彬、丁茂坤。村里领导去了林其明、鲍茂顺、张南山。

联营协议如下：

一、联营主体为上海民族乐器一厂和铜岭桥竹器工艺厂。

二、联营厂定名为上海民族乐器一厂铜岭桥联营厂。

三、联营时间为十年，即1987年至1997年。

四、铜岭桥方设董事长，上海方设副董事长，上海方设厂长、技术员，铜岭桥方设副厂长、财会人员。

五、双方各投资10万元。铜岭桥投资厂房和部分干燥竹料、上海投资机械设备和部分流动资金。

六、预设年产值30万元，双方共享利益，共担风险。

七、联营结束后，厂房归铜岭桥方，设备归上海方，剩余资产共享。

会议商定了1987年春节后，铜岭桥委派18名村民小青年去上海培训，上海厂提供住宿和生活费。铜岭桥建造厂房，厂址在大礼堂边上，竹器厂派宋建元、沈金茂等负责厂房基建。派去上海培训的人有：赵小生、宋丽英、黄文群、丁志刚、丁小明、董生华、董丽英、鲍信元、鲍善文、董丽萍、鲍华娟、丁竹鹏、黄平、江小根、叶亚群、汪卫国、丁爱玉、丁小红。而黄卫东和冯金才因要完成外贸合同，就没有一起去上海。

1987年3月培训人员去上海，8个月后到11月培训结束回家。11月中旬，上海厂派殷万银为联营厂厂长，顾锦康、陈建萍为技术员，来铜岭桥筹办开工事宜和收购笛竹，铜岭桥派丁茂坤为联营厂副厂长，黄有炳、赵春娥为财务。

1988年春节后，正月初八，联营厂开工生产。

1988年5月，联营厂正式挂牌，并举行了挂牌仪式。参加人员有余杭区乡镇企业局局长、余杭区副区长、泰山乡几位领导、上海中文站干部、上海厂几位干部。笛界泰斗陆春龄、箫笛宗师宋锦廉、顾问周林生，还有杭州新声乐器厂等人员参加了仪式，顺利建办联营厂，对本地扩大生产量、普及面增量起到了重要的作用。

大约1989年上半年，丁茂坤因工作关系离开联营厂去竹器厂负责，村里决定调黄三友接替联营厂副厂长职位。根据联营协议，联营在1997年结束，后经双方协商延长三年，到2000年结束。

1990年年初，董雪华在周老师支持下办起了灵声笛箫社。当时，周老师陆续收了铜岭桥青年董雪华、董卫清、黄卫东、丁小明、董生华、李德华、鲍向前，鲍雪海、丁小林、丁一明、丁竹一、丁扬志、丁聪、丁志刚、杨语、黄文杰、鲍国良、鲍永存、鲍利鹏等为徒弟。他们又各自办厂、办公司，在中国制笛界都有较大的影响，是我国制笛行业的主力军。

2000年后，当地创办笛箫厂的达到了100多家，同时还吸引了几十户来自全国各地有志于笛箫制作的年轻人来此地发展。中泰乡全年笛箫产值已达几个亿，被国家命名为“中国竹笛之乡”。

回顾四十年的发展，中泰铜岭桥从历史上只出售低价竹原料到成为中国笛箫制作的龙头基地。村民们的生活状态越来越好，盖起了小洋楼，添了小汽车。许多村民子女陆续考取了中央音乐学院、中国音乐学院、首都师范大学、浙江音乐学院、武汉音乐学院等专业艺术院校的笛子研究生、本科生。村口还建立了音乐厅、笛箫博物馆。中泰制造的笛箫，还随着航天飞船飞入了太空……

【作者简介】

董仲彬先生，笛箫制作技艺浙江省非物质文化遗产传承人。曾担任铜岭桥村村长、上海铜岭桥联营厂董事长、中国竹笛之乡创始人之一。

铜岭桥村话笛竹

周林生

长期以来深受演奏家与爱好者们宠爱的扬名中外的上海竹笛，是选用坚韧挺拔的余杭铜岭桥笛竹制成的。

去年冬季，我抽空到盛产笛竹而闻名的浙江省余杭县太山乡铜岭桥村跑了一趟。

从杭州武林门乘车，经过一个多小时的颠簸，便到了在百年前因“杨乃武与小白菜”冤案而出名的浙江重镇——余杭镇。如今，镇上还保留有杨乃武的故居呢。在余杭镇略微小憩，又乘车向西南行之约 14 公里。当汽车在七拐八弯的山道上爬行了好一阵后，便到了铜岭桥村。

刚下过一场大雪，倚山而筑的铜岭桥村像披上一层厚厚的棉被。房顶上，柴垛上，到处是一片洁白。远处的山峦，蜿蜒起伏。山上大雪覆盖着的竹林，一阵山风过后，纷纷扬扬地洒落下无数的雪团，像瀑布似的自天而降，煞是好看。

我踏着“嘎吱”作响的积雪，沿街而上。山涧溪水清澈透明，发出“哗哗”的欢响，将大大小小的鹅卵石冲刷得晶莹透亮。由于嗜好，我对这里的竹子特别感兴趣。只见满山的白雪衬着密密亭立的翠竹，真是雪的天地，竹的海洋。

除毛竹以外，这里出产的苦竹，一直是制作笛子的理想材料，竹质坚韧，竹身圆整修长。听老乡们说：早在明初洪武年间，从铜岭桥杨家坞山地上采伐的苦竹制成的笛子，就被当作供奉朝廷的御笛而著称于世了 。于是，笋苦而不能食用的苦竹，在铜岭桥又被称为笛竹。

挑选优质而合于规格的笛竹，是制作笛子的关键之一。年份短的幼竹，质地太嫩，而年份太久的竹子，经长期自然风化，竹质已经枯僵脆化，故而一般选用生长期为 三至五年的竹子。

判别竹子的老嫩，一般可从竹子的外表上观察：嫩的竹子，光照时间短，竹皮翠绿，无光泽，竹节毛涩，节纹粗；尤其是幼竹，可以在竹节、竹根处找到蜕落的竹箬。而老的竹子，光照时间长，竹皮青里泛黄，甚至透红，竹身光亮，节纹细，甚至因风化易损而看不到节纹。

从竹叶的颜色上也可以识别竹子的老嫩：嫩竹的竹叶翠绿欲滴，而老竹的竹叶就显得略带枯黄了。

此外，还可用手来摇晃竹竿，竹竿坚挺不拔的大多为老竹，而晃动幅度大的一般为嫩竹。

铜岭桥的笛竹，由于生长的山头、土壤以及方向的不同，在竹质上也有所不同。

听老人说，长在山脊沙石中的竹子，纤维粗、竹质坚硬、梗性，是制作笛子的优良竹材，但竹子的圆整度略差。生长在半山腰泥沙混合土中的竹子，由于光照、水分、土壤条件的不同，竹质一般要略差一些，竹壁也较薄。笛竹究竟是长在阴山背后的好，还是长在朝南向阳的好？关于这个问题，老乡们的回答是一致的：当然朝南向阳地方的竹子好。笛竹质量的好坏，除与生长年份、生长地域以及方向有关外，主要还与笛竹的品种有关。

铜岭桥的苦竹有“青苦”“密麻”“羊肠苦”“大头苦”“本苦”等许多种类。而适宜制作笛子的只有“青苦”与“密麻”两种，特别以“青苦”为最好。

“青苦”竹，通体碧绿无杂色，节身长 50—70cm，直径 1.5—3cm，竹壁厚 0.3—0.5cm，特别适宜制作声音委婉圆润的大笛与曲笛。“密麻”竹，皮色青绿之中带有点竹斑，竹壁较薄，适宜制作声音清脆嘹亮的梆笛与小笛。

笛竹砍伐是从立冬到第二年的清明止。我去的时候，正值砍伐季节，农民们正在高陡的山坡竹林中挥刀伐竹。他们将笛竹用细篾捆扎牢固，或

肩扛或拖拽相偕下山，山坳里只听见竹梢在小道上划出的“嚓嚓嚓”的声响。

我与一位肩扛笛竹的老乡边走边谈。他说：“冬季砍的笛竹叫腊月竹。用上等腊月竹制成的笛子是不可多得的珍品。”

当我请教他为何用腊月竹制成的笛子好时，老乡笑着解释说：“冬季，竹子处于‘冬眠’状态，竹质中含有丰富的油脂、腊汁、葡萄糖等等，像冬天的熊掌那样——肥着呢！这时候伐下来的笛竹，竹质饱满、结构紧密，制成的笛子声音响亮。

“清明以后，万物苏醒，老竹（也叫娘竹）开始长笋了。一场春雨过后，漫山遍野的竹笋一夜之间便蹿出很高。娘竹的养料都在出笋长笋中消耗掉了，竹质自然干瘪稀松。用这时伐下的竹子制成的笛子，声音哪能响亮？而且，春季竹虫开始繁衍，砍伐下来的竹子，还特别容易蛀。因此，过了清明，一般就不伐竹了。”老乡的话，细细辨来，还蛮有科学的道理呢。

我在铜岭桥还了解到，在余杭太山乡，除了铜岭桥以外，还有巴家桥、东溪桥、南涧村也出产笛竹。此外，浙江的临安、德清、安吉等地区也有笛竹出产。但是，要说笛竹的质量，还是数铜岭桥的最好。老乡们自豪地跟我说：“人们常说上海的竹笛誉满全球，可上海的笛子都是用我们铜岭桥的笛竹制成的。”老乡们还告诉我，铜岭桥每年可向上海、苏州等地提供 30 万—50 万节的笛竹，而且铜岭桥竹器工艺厂不久也要生产竹笛了。随着山林责任制的落实，山民对发展竹林生产的积极性更高了。他们精心护理，合理砍伐，可望培植出更多更好的笛竹。

山里人是热情好客的。要不是除夕即将来临，我真舍不得离开铜岭桥，舍不得离开勤劳朴实的山民。

（1985 年写于上海闵行）

苦竹与紫竹

（由孔令成、罗刚、董卫清、李德华、鲍雪海、丁一明、杜方平、陈俊洪、董生华、赵锋等编写，周林生整理）

竹，品类众多，四季青翠，材堪大用，“未出土时先有节，及凌云处尚虚心”。竹象征君子的高风亮节，历来为国人所喜爱，其代表的精神品质也是中国文人的人格追求。竹属速生型禾本科植物，被广泛运用于人们生产生活中，被制作成精美的生活用品、工艺品及艺术品，如国人熟知和喜爱的民族乐器——笛、箫。以下将介绍中国传统乐器当中笛、箫的用竹。

一、原料

（一）产地

1. 苦竹

苦竹是最主要的制笛竹材，广泛分布于东南亚一带，我国主要分布在浙江、安徽、江苏、江西、福建、湖南、湖北、四川等地。其中浙江杭州余杭区是我国苦竹重点产区，盛产苦竹的余杭中泰乡被誉为苦竹之乡，这是浙江省唯一一个苦竹集中分布的地区，全国制笛用竹主要来自这里。据《余杭通志》记载：中桥、泰山、石鸽一带盛产苦竹，其竹细长圆滑，清白无斑，厚实坚韧，不易破碎和虫蛀，是制作笔杆、笛箫的上等材料。唐、宋、元、明、清等历代王朝都喜欢使用中泰乡的苦竹制成宫廷御笛。据史料记载：自明洪武年间起，中泰人就用中泰特有的制笛材料苦竹制成

御笛朝贡。康熙五十二年（1713）、咸丰十年（1860）朝廷两次下圣旨给苏州织造局，命周溪兰乐器店制笛师钱金达、张玉成及李喜等，先后赴余杭山区采竹进宫制笛。民国年间，余杭山区的竹商马顺根、胡友利、徐天福等每年都将制笛竹料装载木船上，通过大运河运送到苏州、上海等地的乐器作坊中去。中国大部分制作笛子的苦竹材料都采自余杭中泰，而铜岭桥笛子产量占全国的85%以上。（图1）

图1　杭州余杭中泰铜岭桥苦竹资源库

苦竹有20多个品种，其中适合用来制作笛子的主要有两种，余杭中泰当地分别称之为“青苦竹”和“密麻竹”。“青苦竹”通体碧绿无杂色，节间距离比较长（一般两节之间长度为50—60cm，最长可达70cm左右），直径1.5—3cm，两端粗细比较均匀。“密麻竹”亦是制笛可用之材，其特点是纤维密度高，两端粗细差别比“青苦竹”略大。（图2）

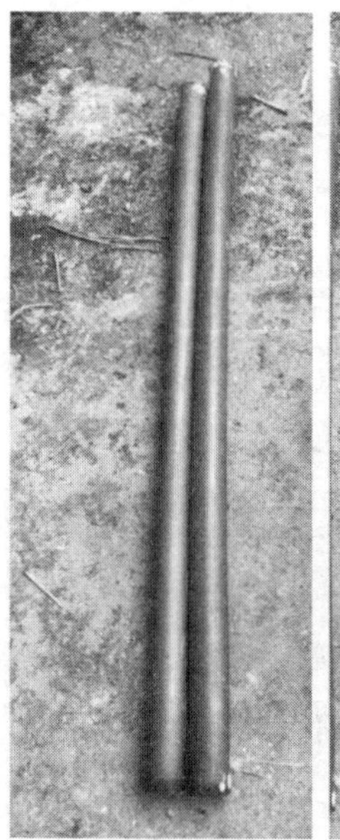
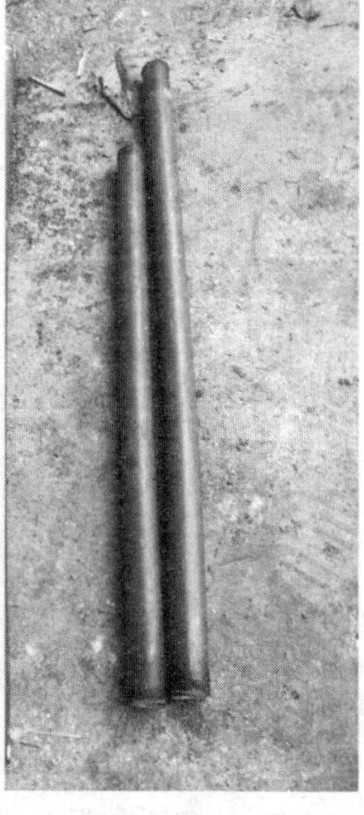

图2　“青苦竹”与“密麻竹”（从左至右）

2. 紫竹

禾本科刚竹属，因竿体呈紫黑色而得名，亦称“黑竹”，也有呈半紫黑半黄者。多为人工栽培，用于园林观赏。原产中国，主要分布于安徽、浙江、江苏、湖南、湖北及陕西等地。制作笛箫所用紫竹材料多来自安徽、江西、福建、湖南、湖北一带。（图 3）

图 3　生长中的紫竹

紫竹的生长对于土质的要求不是十分严格，其耐寒性强，喜光耐阴。生长周期 1—3 年的紫竹为幼龄竹，4—6 年为壮龄竹，6 年以上为老龄竹。可用于做箫，音色柔和细腻，也可做笛，具体使用应依材料本身情况而定。一般用于制笛的为 5 至 6 节左右，用于做箫的为 8 至 9 节，长度在 70—90cm。

图 4　紫竹

3. 其他竹

笛箫用材除苦竹与紫竹外，亦有湘妃竹、梅鹿竹、金竹、观音竹

等。比较而言，苦竹与紫竹因形制较规则，制作中便于较好地把握音准。以苦竹为例，因其节间距离较长，通常情况下，一段竹子的长度便可满足笛子的有效发音管长，用来制笛成功率比较高。紫竹则用于制箫的成功率相对较高。湘妃竹若用于制笛，成功率次之，因其竹壁较厚，根部较紫竹长，因此较少用于制箫，而以制笛为主。梅鹿竹、金竹、观音竹等竹材因内径、内圆锥度等情况较复杂，制作成功率较低，在笛箫制作中也相对使用较少。

（二）笛竹（苦竹）资源的管理

制笛师们主要总结出以下几点经验：

1. 草木萌发的春季，经常性地去除竹林中杂草、灌木和藤类等植物。

2. 夏季，幼竹开始茁壮生长，这个季节不去上山砍竹，以防破坏笋的生长，并定期为竹林驱虫，以防虫蛀。

3. 在农历九月至十二月，将竹林中过粗和过细等不适宜用作笛料的竹子砍掉，为笛竹提供更多的生长空间。

二、伐竹

（一）苦竹、紫竹采伐季节

苦竹砍伐一般在每年的霜降前后进行。紫竹砍伐一定要在立冬以后，最好最低气温在零摄氏度以下，有霜冻和结冰。因为冬季气温低而干燥，竹子处于生长休眠期，生理活动较弱，竹液流动缓慢。此时竹子含水量较低，可以缩短入库风干的时间，同时肉质更紧密，竹材更坚韧又有弹性。虫类也在冬季进入休眠期，大多会死亡，或者藏于竹子根基部和林地底下过冬。选择此时伐竹，不易引起虫蛀，有利于提高竹材的利用率。

（二）工具

伐苦竹和紫竹的常用工具为砍刀（图 5），当需要把紫竹连同竹根一起挖出时，则要用到铁锹（图 6）或锄头（图 7）。

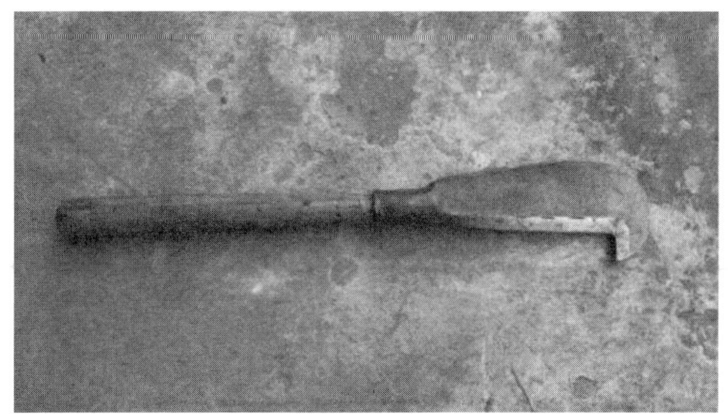

图 5　砍刀

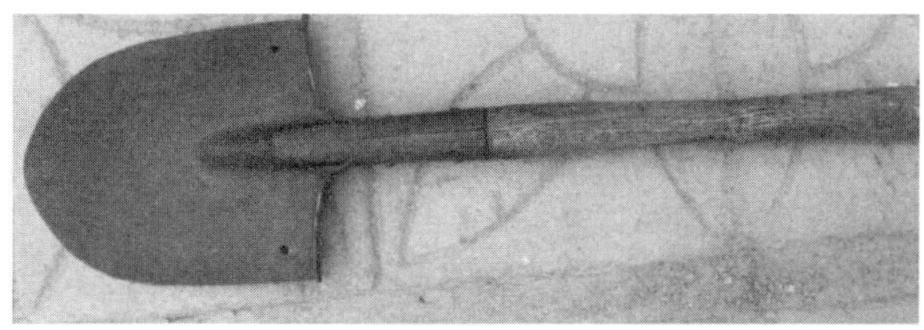

图 6　铁锹

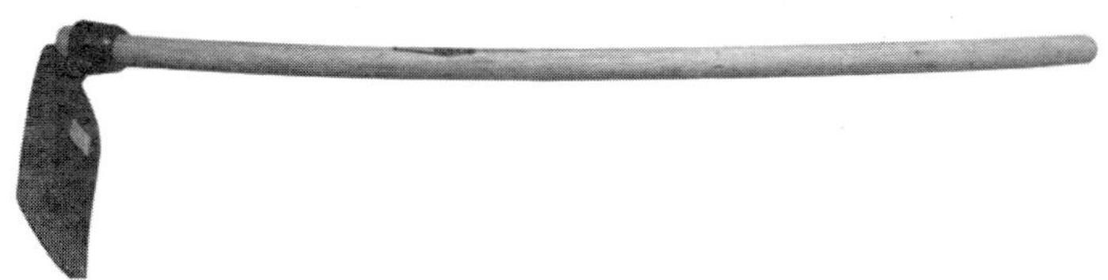

图 7　锄头

（三）老竹与嫩竹的识别

在竹林中如何辨别竹子的老嫩是伐竹环节的关键，下面以苦竹和紫竹为例来谈几种辨别方法。

1. 苦竹之老竹与嫩竹的识别

可简单总结为“三看一摇”。

一看表皮，竹体颜色青翠者，为嫩竹。竹体有明显斑纹、颜色呈黄色

或暗红色者，为老竹。

二看枝叶，茂密者为嫩，稀疏者为老。

三看根部，包有笋壳者，为嫩竹。反之，为老竹。

摇竹竿，感觉竹子根部不稳固、竹体偏软者，为嫩竹。感觉根部稳固、竹体坚硬者，为老竹。

2. 紫竹之老竹与嫩竹的识别

紫竹中有一种被称作“当年紫”，通体紫黑色，颜色较深，生长年份久了会带有少许斑纹。另一种被称作“三年紫”，第一年是绿色的，第二、三年逐渐变为灰紫色并带有花斑，颜色以紫灰色为主，另有少部分呈古铜色、紫褐色。一般而言，老的紫竹无水沟，乌黑光亮或附有白霜、青苔，以骨节凸出、光滑油润的为上品材料。

需要注意的是，无论是苦竹抑或紫竹，伐竹时都要遵循“砍老留幼，砍密留疏”的原则。砍老留幼，即掌握好竹龄，砍伐竹龄大的老竹，保留竹龄小的嫩竹。三年内的竹子必须保留，严禁砍伐；四年以上的竹子方可砍伐；七年以上的竹子则应及时砍伐。笛竹生长到六年以上，进入衰老期（竹子品种不同，进入衰老期的时间略有不同，此处为常规而论），肉质弹性逐渐变差，竹子发脆、抗压能力降低，不及时砍伐将影响竹材的品质。砍密留疏，顾名思义，即着重在竹子生长分布密度较大的林地进行砍伐，而生长分布密度相对稀薄的区域不宜过多砍伐。应当保证一定的立竹量，并应使保留下来的竹子在林地中均匀分布。这些措施有利于保护竹林生态环境，确保竹林生长旺盛，生态循环正常。过度砍伐会导致竹林加快衰老，甚至逐渐荒芜，因此切忌乱砍滥伐。

（四）砍竹与紫竹掘根的方法

苦竹宜从接近土壤的部位砍下，最好一次性砍断，以免苦竹刀口部位受竹竿倾斜力的影响而整根劈裂。（图 8）砍不带根的紫竹方法与砍苦竹类似，如果要挖根，先用锄头把紫竹周围的土壤刨松，把鞭根切断，这样就容易挖了，不会伤到竹子。紫竹一般用锄头挖比用刀砍伐更方便保留最下面的竹节。（图 9）

图8　砍苦竹

图9　紫竹掘根

（五）捆扎入户

苦竹或紫竹砍伐以后，就要捆扎入户了。这时需将竹子主干上的分

杈、竹身最上端细长的梢头截去，将留下的部分用竹篾或绳子捆扎起来运送至生产场地，为下一步储存入库做准备。（图 10）

图 10　将苦竹捆扎入户

三、储存入库

（一）锯长梢的工具与方法

锯长梢一般使用电圆锯作为工具，所用锯片为竹木专用锯片。使用电圆锯截去长梢的优点是：效率高、锯断处规整、光洁无毛刺。锯断方法是：开动电圆锯，双手握住竹节处两边至少 10cm 以外的位置，将竹节对准锯片、缓缓下料，慢慢旋转直至锯断。（图 11、图 12）

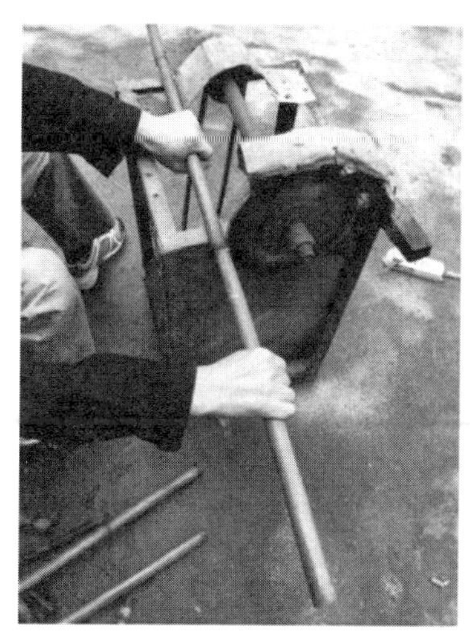

图 11　锯长梢（一）

图 12　锯长梢（二）

（二）锯紫竹的工具与方法

锯紫竹若不保留竹根，其锯断方法与苦竹类似；如果保留竹根，则要使用下图所示的切割机，开动切割机，左手握住紫竹将其垂直于锯片，把所要锯断根部位置对准切割标示线，右手缓缓下压把手直至将竹根锯断。（图 13）

图 13　锯竹根

（三）库房

存放笛竹的库房，因各地环境湿度不同其要求也不同。以铜岭桥为例，此地位于山区，湿度较大。库房开窗朝东或朝西所接收到的空气湿度约为80%，太过潮湿，竹子不易干，反而易于发霉；开窗朝北所接收空气湿度约30%，湿气太少，竹子在风干过程中易开裂；开窗朝南所接收风湿度约45%，是较适宜的风。因此，存放笛竹的库房要因地制宜，尽量选择将竹子放在湿度合适的位置，亦可以人工控制来达到存放竹子的合适湿度。

（四）堆放方法

竹子在库房堆放时，一般采取交叉叠放的方式，这样竹身与空气的接触面较大，有利于竹子的干燥。紫竹在风干时竹节是不打通的，虽然打通后竹子内壁更易于和空气接触，但是留下竹节有利于能够保持内壁的圆度，避免因风干时竹肉收缩的情况下无竹节支撑而造成竹子变形。（图14）

图14　库房堆放

（五）翻仓

堆放在库房的竹子，由于所处空间位置的不同，其在相同时间内的自然干燥程度也有所差异。为使竹子干燥均匀，需定期将其交换位置堆放。另外，在我国长江中下游地区每逢春末夏初的黄梅雨季，空气湿度急剧升高，竹子易潮湿发霉。因此，黄梅季的阴雨天应保证库房的竹子尽量避免接收湿气，库房的门窗需要密封严实，晴天和黄梅季过后需要将竹子集中摊在室外晾晒干燥，而后重新入库。以上做法称作翻仓。

（六）储存周期（自然干燥时间）及其他

笛竹的储存时长至少需两年以上，一般在三到五年之间。制作材料需要具备起到传导声音和加强共振的作用，以保证发音的相应音色，竹笛音色的最重要因素之一是笛竹接近绝干密度时的弹性模量，即要坚硬。因此，储存时间过短的笛竹内含水分过多，弹性模量低，用它做出的笛子音色发闷、不够圆润透亮，并且在烘干撬直之后较容易变形和发霉，从而直接影响到笛子的音色、音准、外观及保养等方面。另外需要注意的是，笛竹在库房存放时要尽量避免老鼠、蛀虫等对笛竹产生损坏的情况。

【作者简介】

董生华，出生于中国竹笛之乡中泰铜岭桥。1977 年在铜岭桥小学读书。1985 年在铜岭桥竹器工艺厂跟周林生老师学习制作笛箫。1987 年上半年去上海民族乐器一厂培训。1987 年下半年在铜岭桥联营厂制作笛箫。1997 年创办西湖笛箫社。

董卫清，男，师承周林生，出生于笛乡铜岭桥，有近 30 年的制作笛箫经验，为“铜岭桥笛箫厂”创办人。擅长制作各类笛子，尤其是洞箫、琴箫、南箫等，深得用户好评。

李德华，师承周林生，是近年来在中泰笛乡众多的笛箫制作者中脱颖而出的制笛新秀。他的“鹂音”笛箫成为一个很有影响力的品牌。许多著名笛子演奏家在吹过他的笛箫后，称赞他的笛箫中有“师父”做的笛箫韵味。在演奏家和用户中有很好的口碑。

鲍雪海，师承周林生，2008 年冬创办了“雪海乐器厂”。厂址位于著

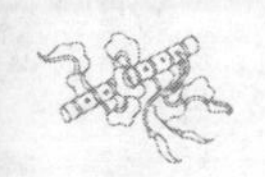

名的中国竹笛之乡——铜岭桥畔。在制作工艺上不断探索钻研，虚心好学。制作的精品竹笛、洞箫等，在全国演奏家和各大音乐院校及东南亚一带，获得好评。尤其是制作的“匀孔笛”——“梅”，受到李镇老师的肯定。

杜方平，安徽宣城人，从小爱好音乐。2009 年在余杭紫荆村学制笛箫。2010 年师从周林生，系统学习笛箫制作。2012 年创办“霜竹笛箫厂”，并注册“霜竹”商标。2017 年在湖州安吉设立霜竹笛箫工坊。

赵锋，笛箫葫芦丝教师、制作师，进修于上海音乐学院，中国音乐家协会竹笛协会会员，中国民族管弦乐学会竹笛专业委员会理事，浙江省民族管弦乐学会葫芦丝专业委员会理事，金华市音乐家协会会员，师从著名笛子演奏家唐俊乔教授，师从著名笛箫制作家周林生。

陈俊洪谈紫竹

陈俊洪

说到紫竹制笛箫，利用率最高的、产量最大的，当然非安徽黄山紫竹莫属了。

安徽紫竹圆度好，有厚度，结构规整、均匀、不爆节，是做笛箫的最佳竹材。

因为其得天独厚的地理特点，长在丘陵岩石少的地方，容易打理。农户们通常在春季除去竹林里面的杂草树木，砍掉最大的、最小的和拥挤在一起的竹，保持一定距离的株距，给竹林以充足的阳光和通风。这样经过人工打理过的竹材自然利用率高。

最近几年，笛箫制作行业如雨后春笋，市场不断扩大，安徽紫竹大有供不应求、青黄不接之趋势。为开发其他适合做笛箫的竹材，笔者曾经跋山涉水，几乎踏遍整个湘西，一直在寻找可用之材……（图1）

图1

图2

在湘西雪峰山周围方圆一千公里的

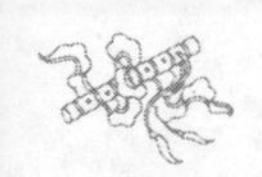

范围内（地处东经 109°—111°，北纬 28°—29°），生长着一种奇特的竹子，我们称它为“烟竹”。因为每逢雨季来临，竹林里便云雾缭绕，如炊烟冉冉升起，好像人间烟火，故称“烟竹”。（图 2）

烟竹主干高 1—1.5m，直径 1—5cm，壁厚 3—5mm，幼竹节下具白粉，深绿色，混杂有淡红褐色，随着年份增长，白粉逐渐消失，颜色变深和长出褐色斑点。（图 3）

图 3

由于这里具备亚热带湿润气候特点，雨量充沛，严寒期短，四季分明，土壤有机质丰富，富含磷等有机成分，土壤酸碱度低，这种环境下的竹子，质地比较硬。

以前，我们只知道它是编织背篓及做篾器用的，竹肉厚，好破篾，压根没想到能做乐器。经仔细观察，烟竹“怕高不怕低，怕肥不怕（贫）瘠”。平坦的开阔地，土壤肥，水分多，竹子长得又大又高又薄又嫩，节稀；反而山高的陡坡（平均海拔 1000 米）上，竹子长不高，竹纤维密，皮硬肉厚，节密。因为其特殊的地形地貌，特殊的生长环境，烟竹符合做笛箫的所有条件，音色与其他的竹材笛箫相比，具有独特之处，声音集中、甜润，有刚有柔，刚柔并济。

因为是原生态竹林，加上现在不织背篓了，农户们也懒得去管理，所以竹子长得大的大、小的小，周围荆棘丛生，成材的少，不成材的多；制作上，撬直和存放的难度也大，皮硬肉坚，不易烘透，要有耐心以及掌握好力量轻重的技术，否则裂的多。

除了烟竹，在东南亚滇缅边境一带生长的一种紫竹，也很有特色。（图 4）

图 4

节密，九节居多，通体呈黄色或者布满细花，韧性好，易撬直，音色绵柔，发音灵敏。缺点是，倒锥形，上小下大，制作有难度。

福建紫竹也有这种现象，听说是农户在幼竹时就砍了竹尖，使其长不高。福建气候炎热、水分大，竹子密度多数不高，但因其通体黑色油亮，故有“黑老虎”的美誉。（图 5）

图 5

（周林生整理）

【作者简介】

陈俊洪，男，师承周林生。“曲竹”笛箫品牌创始人，箫笛制作师。

笛箫社成立于 2008 年，2011 年迁往杭州中泰笛乡。2015 年，改名曲竹笛箫社。2016 年，注册“曲竹”品牌。

主打产品：私家定制湖南烟竹、缅甸紫竹洞箫以及福建、台湾桂竹南箫等。

丁小林谈烘竹、撬竹

丁小林

图 1

烘竹和撬竹是整个制作工艺流程的基础工序，将直接影响到笛箫的质量。所谓烘竹、撬竹，就是将天然长成的竹子进行人为的加温和撬直。主要作用是排除竹子体内残余的水分并达到竹子的直度要求，以满足笛箫制作的要求。（图 1）

烘竹的主要工具是撬头板和炉子，撬头板是用一块长板凳式的硬木板，大概 8 厘米厚度，板面上开掘斜度 40° 左右大小不等的孔，要求和竹子粗细基本吻合，不然撬竹时会产生硬疤。（图 2）

炉子可用电炉、煤炉和柴炉。（图 3）

图 2

图 3

现在虽采用电炉的比较多，但其实还是用煤炉和柴炉比较好，主要因为柴炉和煤炉的火，易于烘透整根竹子，能达到烘竹的要求。这两样是烘竹和撬竹的工具。

烘竹时应注意以下几点：

1. 烘竹时，白竹需要在竹材的大头有节处钻个小孔，既可以使竹内的水蒸气排出，又可以防止竹材因加热而爆裂。紫竹如果是箫料，长度达80—90cm 的，从根部用小铁棒打通到最顶端一节，保留顶盖。紫竹笛料应该全部打通。

2. 烘竹时，竹材要不停地来回旋转，并前后移动，要求撑握竹子烘烤时颜色均匀统一，不易烘烤过老。竹子烘妥后，再进行撬直、撬圆。撬竹时应根据竹料的粗细不同，选择不同孔径的撬眼，同时还要根据不同的竹材的松硬弯曲程度采取相应的力量来撬。

如，一根烘好的白竹，选好一个合适的撬眼，先撬大头一段竹，要求轻微左右转向撬压，撬得差不多了，从竹子中间一段明显弯的程度就看得出来，要求左右转向带拖拉式撬，这样撬的竹子不会有硬的伤疤，可使竹面光滑整洁。（图 4）

3. 撬紫竹，应从根部撬起。先把两节竹子中间一段的弯曲部分撬直，也是要求左右转向带拉、带点式撬一节校对一节，撬好一节用带水的布擦拭一节，以便冷却。以前师父说，让撬直的这一节“撬死掉”不让复活。这样，当撬第二节竹时，第一节竹就不会“醒过来”，也就是说不会重新复苏弯过来。按此方法一节一节地撬直，直到整支紫竹撬直为止。（图 5）

图 4

图 5

（周林生整理）

黄卫东谈“苦竹”去皮

黄卫东

相对于其他品种的竹子来讲，苦竹的竹皮比较厚实。为保证笛子的音色，在制作笛子的过程中，传统做法上会有一个去皮的工序。

在现今的笛子制作中有两种去皮的操作方法：机器去皮（图 2）和手工去皮（图 3）。

机器去皮快速有效，可以批量操作，但是用机械化方法处理，没有办法做到“量体裁衣”，只能笼统解决，以至于同一根竹子的管壁厚薄有时会受到损伤，从而影响到日后笛子的震动，也会出现音色、音准不统一的现象。

在这一点上，手工去皮可以很好地解决此弊端。

手工去皮使用特制带有弧度的刀片。（图 4）去皮时，将竹子两端用带凹槽的木板固定，一边旋转一边刮去表皮。这样的工作可以将竹壁按照原本的形状完整地保留下来，并且不影响笛子的音色音准等。手工去皮，产量相对较低，劳动强度较大，优点是去皮质量好，不会损伤竹子。

简而言之，机器去皮，优点是产量大，节省人工体力；缺点是有时去皮不彻底，还会影响竹子外形。

综上所得结论：高档笛料用手工去皮，普及笛料用机器去皮。

（周林生整理）

图 1　师傅制笛

图 2　机器去皮

图 3　手工去皮

图 4　去皮工具

【作者简介】

黄卫东，师承周林生、陈建萍。他创办了“竹韵”笛箫品牌。尤其难能可贵的是，他长期与笛艺大师俞逊发先生合作，在俞大师的指导帮助下，他的笛子演奏水平、文化音乐知识都有很大的长进。他的“竹韵”品牌和董雪华的“灵声”品牌已成为中国竹笛的龙头产品。前些年，他还应邀赴香港进行笛箫艺术交流和举办讲座。

从中国“弦准”发展的视角看笛乡铜岭桥的“划线板”

孔令成

图 1　“初心笛箫工坊”制笛师　孔令成

一、“划线板”的由来

划线板是笛箫制作中音孔定位的核心工具。1985 年 5 月 1 日国际劳动节那天，上海周林生在铜岭桥竹器工艺厂传授制笛技术，遂将划线板等技术传入铜岭桥。

据文献记载：“20 世纪 50 年代至 60 年代，上海地区制作的箫和笛在音律上有了很大变化，由原来的匀孔笛箫转向十二平均律开孔。最先实现

这项转变的是20世纪30年代上海大同乐会创始人郑觐文先生。郑觐文调音是按照同十二平均律相近的三分损益律。其后，郑觐文之子郑玉荪先生于20世纪40年代，开始利用和推广十二平均律的制作方法。"

20世纪50年代，上海的制笛师罗松泉先生（外号三毛），原是大同乐会的骨干和乐器制作师。郑玉荪和罗松泉等进入上海民族乐器厂工作，在他们带领下，开始采用十二平均律制作笛箫。周林生先生也撰文说："他（罗松泉）从大同乐会郑觐文（中国近代民族音乐巨擘）、郑玉荪父子俩处学得笛箫定音定调的计算方法，做出的笛箫声音优美、音准好……他的优点是擅长制作各种不同音调的笛箫，运用计算方法求得准确的开孔位置……"

由以上信息可以看出，笛乡铜岭桥制笛师为笛箫定调、确定孔位所采用的方法最早可追溯至上海大同乐会的郑觐文和郑玉荪。

周林生先生曾师从于郑玉荪先生学习笛箫音律知识，以及为笛乡竹笛制作提供了大量的技术指导，笔者就划线板的由来咨询了周林生先生。

据周先生口述："历史上，民间笛子的制作是老师傅给你一个笛子，你依样画葫芦照着做就是。大同乐会设有一个乐器工厂，专门搞改良乐器，运用了划线板就可以制作不同调门的笛箫来满足不同的音乐需要。很长一段时期，我们最常用的就是D调（曲笛）和G调（梆笛）。随着音乐文化的发展，上海率先把十二律调的笛箫都做出来了，这应该归功于大同乐会的郑觐文老先生了。其中运用了百分比方法，是从三分损益法中套出来的。"

综合以上信息可以看出，划线板的由来可以追溯至上海大同乐会，由郑觐文先生发明了这一技术，之后在上海民族乐器一厂得以应用，并由上海传至苏州，传至铜岭桥。

二、中国历史上"弦准"的发展

从划线板的功能看，它是确定笛箫音孔的工具，划线板上的每根线，根据一定的比例排列，从而为不同调的笛子提供具体开孔位置。这一工具的创制得益于大同乐会的郑觐文先生。那么，划线板这一工具的创制是否仅仅是纯属偶然的个人灵感，还是历史上就存在类似功能的工具？

从历史发展的维度考察，它的产生并非突兀和偶然，也并非唯独它具备这一功能。回顾历史可知，为乐器确定调高和音准的工具——“弦准”，在中国古代音乐发展的早期就已存在并得以应用，伴随着人们对音高、律高的认知产生和创制，并随着音乐史的进程延续并进。在这个意义上，不妨假设划线板也是一种形制的“弦准”。

曾侯乙五弦器出土以后，黄翔鹏先生撰文对其做了详尽的考释。他认为，曾侯乙五弦器是先秦时期的均钟，是专门为调钟设的律准，用于调定钟律而具备准器的性能。作为一种弦准调律器，均钟包含了乐器音阶的音高标准，既确定律长，也用于为编钟调音。孔义龙详细分析了五弦器的二倍节点和音列的取音轨迹，总结出五弦准器的五弦与二倍节点相联系、五声与弦长节点相联系的重要特点，认为：“为编钟取音的弦准由一弦（西周编钟取音器）改成五弦，这种变化产生了两个明显的效果，其一，是它使取音节点固定在四个呈倍音关系的节点上，且不随音位的变化而变化；其二，是它使正、侧鼓音之间便于作大、小三度的灵活处理。”这说明了五弦准器具备了严格的取音规范与实际应用时清晰、灵活的可操作性。

西汉律学家京房发现了管乐器存在管口校正问题，在进行律学计算时，不可以将弦长和管长混为一谈，因此提出了“竹声不可以度调”的观点。京房将弦长用于律学计算，以三分损益法推算生律至六十律，用来弥补三分损益十二律中不能还原黄钟的缺陷。他将自己发明的六十律应用于自己创制的律准上，后世称这种律准为“京房准”，即一种用弦的定律器。《后汉书》对京房准的情况做了描述：“状如瑟，长丈而十三弦，隐间九尺，以应黄钟之律九寸；中央一弦，下有画分寸，以为六十律清浊之节。”“京房准”避免了以管定律的管口校正问题，但存在弦的张力大小问题，实际应用上仍为不便。

南北朝时期，梁武帝萧衍按三分损益法创制四通十二笛。据《隋书志》记载：“帝（梁武帝——笔者注）既素善钟律，详悉旧事，遂自制定礼乐。又立为四器，名之为通。通受声广九寸，宣声长九尺，临岳高一寸二分。每通皆施三弦。”四器的名称为四通，形制上长为九尺，宽为九寸，

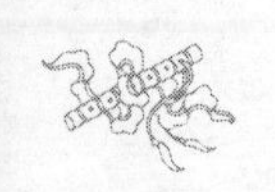

临岳高一寸二分，四通分别是玄英通、青阳通、朱明通和白藏通，每通有三根弦，每根弦粗细和振动部分的长度都有所规定。以四通作为准器制成的十二笛，“被以八音，施以七声，莫不和韵”。

南北朝，北魏陈仲儒依京房六十律和京房准制准并加以改进，他将京房依照的黄钟律的分数又加以细分，制成的准器在形制上“其准面平直，须如停水；其中弦一柱，高下须与二头临岳一等，移柱上下之时，不使离弦，不得举弦”。因为移动调律柱时采用“不使离弦，不得举弦”的原则，所以不涉及改变弦的张力的问题，又严格规定了中弦的粗细，在准器的稳定性方面就比京房更进了一步。

五代时律学家王朴提出了王朴律，并制造出十三弦律准。王朴律在律学的发展历史上，是一个较为复杂的问题，在其提出的缘由与其自身性质等问题上，学界研究者有多种看法。学者陈应时认为王朴提出新律的缘由是“王朴当时在理论上已经认识到发音体长度之一半为同律高八度，一倍为同律低八度。三分损益第十二次应该回黄钟本律。十二律‘旋迭为均’，一均七调，合八十四调。但其时雅乐仅奏黄钟之宫一调，所以他要作律改变这种状况”。郑荣达则认为是“王朴改律，重在俗乐的需要”。陈应时对以往学者的解释做了总结，大体有三种结果：“（1）‘王朴律’接近纯律，内含平均律；（2）‘王朴律’接近三分损益律；（3）‘王朴律’稍近十二平均律。”对王朴律定性问题进行研究的现当代学者，主要有王光祈、杨荫浏、吴南薰、缪天瑞、戴念祖、郑荣达、陈应时、王子初、刘勇等人，鉴于问题本身的复杂性及其并非本文关注的重点，加之笔者能力有限，在此仅做一般性复述。王朴新制律准，张十三弦，可奏七宫，朱载堉及许多现当代学者给予其很高评价。

明代律学家朱载堉深谙古代准器之特性，在前人的基础上推陈出新，发明了“新法密率”，并将之应用于弦律，制作出与传统准器有根本区别的“新制律准”。朱载堉在均准上应用了他发明的十二平均律，解决了传统律制仲吕还生不到黄钟、十二律不能循环旋宫转调的千古难题。他在《律学新说》中描述了这种均准的形制：“新制准器，斫桐为之，其状似琴非琴，似瑟非瑟，而兼琴瑟二器之制；有岳有龈，有轸有足，则类琴；无项无肩，无腰无尾，却不类琴；首尾方直，底有二越，则类琴；尾不下垂，弦不用柱，又不类瑟。故名曰‘均准’，而非琴瑟也。”朱载堉新法密率和新制律准在当时未引起重视，未免可惜！

三、划线板的价值内涵及历史定位

以上是中国古代弦准演进发展的大致状况，每一种弦准的出现，都体现了当时律学家对音律的认知及应用能力，是理论计算与音乐实践经验相结合的产物。前文已经提及，划线板最早出现在20世纪30年代，由上海大同乐会创办人郑觐文先生发明，它先后是三分损益律与十二平均律在竹笛制作技术上具体应用的产物，是确定所制笛箫音准的器具。（图2）从功能和内涵上来说，划线板与古代的弦准有着非常高的一致性。诚如著名学者黄翔鹏所说：“一定的绝对音高观念之建立，一定的律高标准之确定，如已表现于乐器制作之上，那就是能够对律度提出计量标准的时代；而非对于自在之物的单纯辨认的历史阶段了。”换言之，乐器制作体现了人们绝对音高观念、律高标准的有无以及精确程度，时人的理论计算能力、音乐实践能力浓缩在五弦器、京房准乃至划线板等工具上，尽管各准器的形制和采用的律制不同，其功能和音乐史意义却是一致的。因此可以说，划线

图2

板的创制，有着深厚而久远的准器发展历史作为背景，它延续了古代人制作的准器的功能与内涵，也是一种形制的“弦准”，其产生有着历史的必然性。

【作者简介】

孔令成，男，师承周林生，硕士学历。自幼习笛，2009年考入安徽师范大学音乐学院本科，2013年考取杭州师范大学音乐学院硕士研究生，导师为著名学者孟凡玉教授。

丁志刚谈绞眼机

丁志刚

绞眼机俗称打孔机。我最早接触绞眼机是在 1987 年，铜岭桥和上海民乐一厂合作办联营厂的时候，我去上海学的就是金加工和电工。那时候有全自动和半自动两种绞眼机，我们现在用的是半自动的。

图 1

它主要由三个部分组成：

第一部分就是最关键的那个部分，我称为手臂加机头。手臂的角度和长短尺寸直接影响孔的锥度和孔的形状。

第二部分就是定位的部分。定位部分由定位齿轮和升降杆、定位器组成，这一部分主要完成孔的大小和深浅的调节。

第三部分就是笛子固定部分了。

现在笛乡许多厂家和有些外地乐器厂用的打孔机都是我在 2004 年改进后的样子。核心没有变，只是机身比以前更小巧、更方便操作了。

绞眼机的配件最关键的就是钻头，这个是需要自己磨的，市场没有卖的。以前我们用普通麻花钻的后半截来磨，现在改用硬质的白钢圆柱。后者比前者难磨，但是比前者好用，而且具有用的时间久、打出的孔不会变形等特点。

再说说孔的形状。我们俗称鸭蛋形，里大外小，锥度在 15° — 20° 。根据客户和笛箫本身需求，用钻头来控制锥度大小。钻头大小一般有 3 个尺寸：7mm、6.5mm、6mm。大的打吹孔，中者打指孔，最小的就是打膜孔了。但这里不是绝对的，可根据需要，自己来调整。机器在调试好以后基本就没有问题了，最关键的还是打孔的人，不仅要会磨钻头，还要懂得机器简单的维护，这样孔打出来就没有问题了。

笛乡铜岭桥从 1985 年的村办企业竹器工艺厂制笛，到 1987 年和上海办成联营厂，再到现在发展成几百家大小的笛箫厂。机器也从单一的车床、打孔机，发展到现在的刮皮机、改进的磨光机、拉管铜套和电脑刻字、电脑打孔，等等。我相信，今后我们笛乡的笛箫制作也都会数字化、产业化！因为我们有更多的高学历、高智商、会制作、懂演奏的年轻人不断加入！

图 2

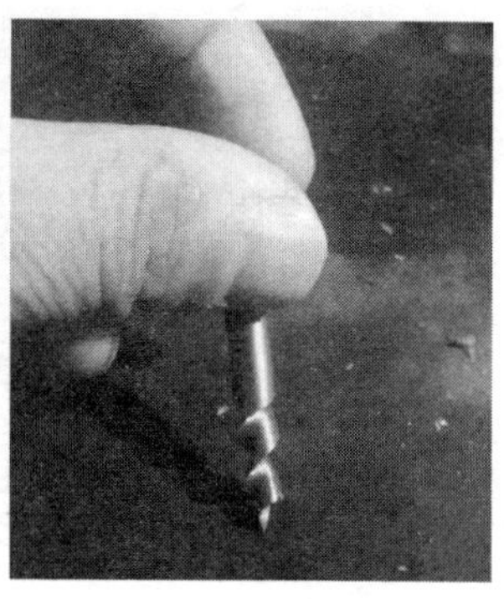

图 3

（周林生整理）

【作者简介】

丁志刚，男，师承杨林祥、周林生。1971 年出生于苦竹之乡铜岭桥。1987 年赴上海民族乐器一厂学习笛箫制作，1988 年回铜岭桥联营厂制作笛箫，2000 年 5 月辞职回乡创办杭州余杭中泰江韵乐器厂，2014 年改为杭州余杭江韵乐器有限公司，任董事长。

李德华谈笛孔

李德华

我跟师父周林生先生学制笛箫，经常听到他对笛箫音孔的要求，现整理如下。

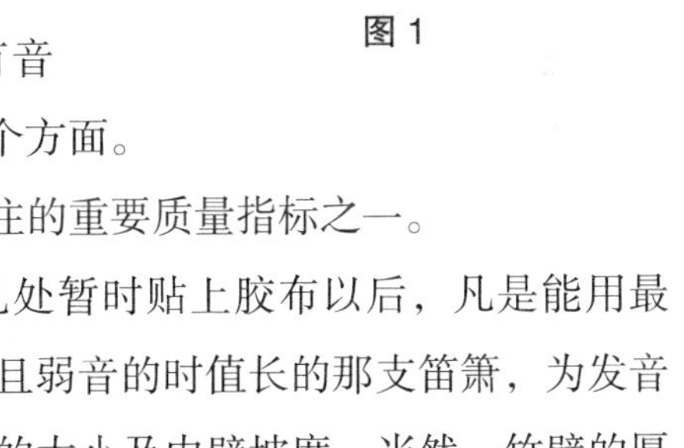

图1

笛子吹孔的大小，尤其吹孔内壁的斜度与笛子发音灵敏度很有关联。我们观察到箫的吹孔内壁坡度如果太小，吹气就容易受阻，不容易振动管内气柱，共鸣会有影响。

笛箫对声音质量的要求，大致有音准、音色、音量、音域、灵敏度等几个方面。

其中，灵敏度是所有乐器都很关注的重要质量指标之一。

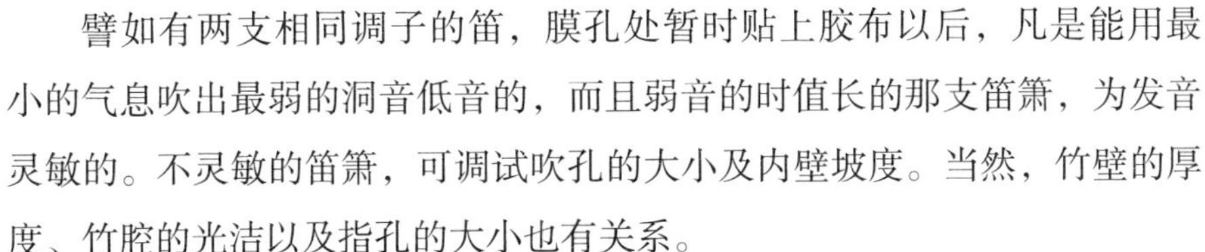

譬如有两支相同调子的笛，膜孔处暂时贴上胶布以后，凡是能用最小的气息吹出最弱的洞音低音的，而且弱音的时值长的那支笛箫，为发音灵敏的。不灵敏的笛箫，可调试吹孔的大小及内壁坡度。当然，竹壁的厚度、竹腔的光洁以及指孔的大小也有关系。

第一孔

在笛的六个指孔中，第一孔应该最大一点。因为基音有两个孔，加上尾巴两个前出孔。第一孔如果大一点，在音色音量上容易取得平衡。

第二孔

这个孔的音通常是偏低的，在制作上，可以把第二孔的位置挪上去，

但手指会不太舒服。怎么办呢？可以把这个孔内壁掏大一点。

第三孔

这个孔一般问题不大。孔形可小于第一、二孔，位置移上一点，手指舒服。有时候第三孔八度窄（即高八度偏低）是由于第二孔偏低。

第四孔

高八度笛膜声偏暗，是膜孔位置偏下了，把膜孔朝吹口方向挖掉点，会有所改善。另外，全按作 **5** 的高音 **6**“不爽”时，把这个孔朝尾巴方向内壁挖去一点，就会改善。

第五孔

这个孔的高八度膜声也容易偏暗，原因同上。

第六孔

这个音有两种吹法。

一种是“按半孔”，北方笛风大多是这样的。如果这样，第六孔音可以和第五孔音做成一个大二度音程。另一种是“叉口”，南方笛风大多是这样的。

叉口吹法又主要分成两种：吹中音时，一种是开第三孔、第六孔，吹“**5454**”容易；另一种是开第一、二、三、六孔，吹“**3434**”容易。两种指法对第六孔的开孔位置，会有不同的要求。

叉口吹高音时，通常是开第一、六孔，音偏高，需控制。吹高音颤音时无妨。全按作 **5** 的高音 **5**,（只开第六孔），有时会在中音 **5** 和高音 **5** 之间出现一个“狼音”，尤其是轻吹时，这主要是第六孔位置偏下的缘故。把第六孔挖上去一点，就能解决。

上述做法一般指的是曲笛、梆笛类。

箫通常是八孔的，有些“通病”可以参考六孔笛解决。

膜孔

根据不同演奏风格对笛子音色音量的要求，膜孔的大小会有所变化，膜孔是笛孔中最小的。一般来说，膜孔大，音色粗糙；膜孔小，音色甜润。但太小又会影响膜的效果。膜孔的位置、形状，对笛子音色、音量、音域、灵敏度等都很重要，需要引起重视。

基音孔

一般开有两个。基音孔的大小，除了与基音高低有关，与共鸣、泛音都有关联。

笛箫尾巴一段上开有的两个 / 四个孔，称为助音孔。助音孔的大小、开孔位置对笛箫的共鸣、泛音都很重要。

【作者简介】

李德华，1965 年生，中泰紫荆村人，2005 年起制作生产笛箫，创立了余杭中泰鹂韵笛箫厂。2007 年，师承上海笛箫制作名家、演奏家周林生先生，向周林生学习制作演奏以及理论知识。从业期间先后收徒黄文杰、潘勇刚等。在经历了多年的学习和实践之后，李德华的笛箫制作技艺得到了长足的发展和提升。

在 2008 年的中国民族管弦乐学会竹笛专业委员会年会上，李德华制作的笛子荣获优胜奖。他得到了竹笛专业委员会会长、中国音乐学院教授张维良老师、中国戏曲学院王建平老师的指导和支持。2009 年，李德华受邀参加在成都举办的中国竹笛专业委员会年会。在这次会议上，他有幸得到了唐俊乔、陈悦、易加义、张宝庆、王其书和胡结续等名师的指点。2015 年，李德华受邀参加了中国音乐家协会竹笛学会成立大会，并在华南师范大学授课。同年，李德华参加了玉屏首届全国笛箫制作邀请赛并获得了银奖和铜奖。2019 年，李德华荣获中国民族管弦乐学会颁发的“2019 年度中国民族乐器十大制作师”称号。

罗刚谈笛箫调音

罗　刚

调音在整个笛箫制作过程中属于关键环节，集中体现了制作师的综合能力，包括演奏能力、音高音准的辨别能力、音色的审美能力、竹材优劣的甄别能力、调试修复能力等。这些都要求制作师或调音师具有较为全面的专业能力和丰富的制作经验。通过调音环节我们将判断并确定笛箫最终的品质优劣。

图 1

笛箫属开管边棱乐器，吹奏时的嘴型口风差异以及用气方法的不同都会造成较大的音高音准变化。因此，调音时需要注意以下几点，以尽量减少人为因素造成的调音误差。

1. 嘴型正确、口风端正

吹奏时上下唇平行自然并拢，唇部中间形成椭圆形风门，风门位置正对吹孔中心位置，避免风门不正，左右偏移。气流角度约以 45° 吹入吹孔，角度过低音则低，角度过高音则高。

2. 呼吸通畅、用气自然

自然呼吸，用气以吹气舒适顺畅、发音不噪不虚为宜，气流过急音则高，气流过缓音则低。

一、音高音准的调试

1. 音高

笛与箫的结构如图所示：

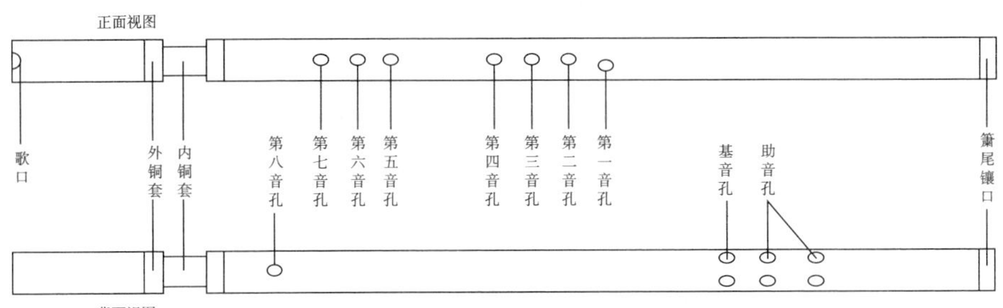

图 2　箫结构示意图（以单接铜八孔箫为例）

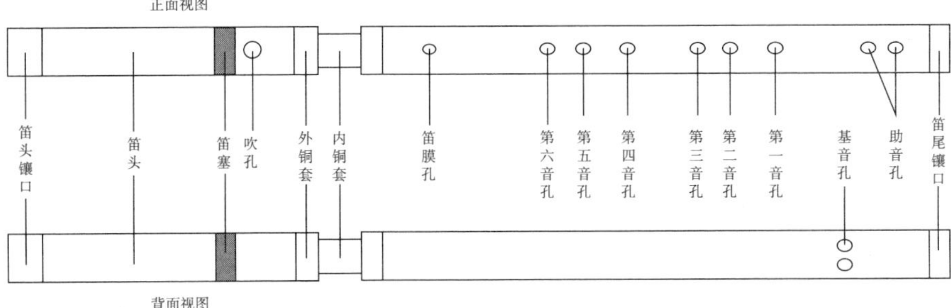

图 3　笛子结构示意图（以单接铜六孔笛为例）

笛箫的初始音高是在定音过程中设定的，根据竹材内外径尺寸确定不同调的基音管长（即吹孔中心到基音孔中心的长度），基音管长决定各调笛箫的调音高。接铜笛箫的初始音高一般设定在 15—18℃下 440Hz，不接铜笛箫一般设定在 18—20℃下 440Hz（也有根据用户要求设定）。音高的设定对于合奏、协奏、重奏等形式的演奏至关重要。笛箫音高受环境温度影响变化较大，我国幅员辽阔，南北温差明显，加之演奏环境控温系统未必完善，如果只有一套统一音高的笛箫，即使接铜处理可调节音高，但调节幅度有限（拔出过多会破坏上下把位音程关系及八度音准），难以应对四季温度变化造成的音高变化问题。通常建议除使用可以插拔的接铜笛箫，便于调节整体音高外。条件允许者可多备几套不同音高的笛箫，如春

秋两季共享一套，夏冬两季各一套，如此可灵活变换音高，有利于和其他乐器合作演奏。

笛箫制作时，即使是相同的调门，由于每根竹材内外径略有不同，初始音高也会有所不同。因此，调音时需要根据实际情况调整音高，初始音偏低可适当修挖吹孔，初始音偏高则可留作接铜笛用，初始音过高（除特殊要求外）说明定音不准确，需重新考虑延长基音管长度。

注：声音都是由发音体发出的一系列频率、振幅各不相同的振动复合而成的，这些振动中有一个频率最低的振动，由它发出的音就是基音，基音决定音高。

2. 音准

本文姑且将笛箫音准分为“上下把位音准”和“八度音准”两部分。之所以这么分，是为了方便说明笛箫常见音准问题的类型，以及造成这些问题的原因。

“上下把位音准”即笛箫音阶音准，“把位”，英文是 position，直译可以是“位置”的意思，多用于提琴类（弓弦类）乐器。在笛箫上我们通常以首调笛箫的 Do 音位置为上下把分界（如：C 调笛，筒音作 **5**，开一、二、三孔为首调 Do；D 调笛，筒音作 **5**，开一、二、三孔为首调 Do），把六孔笛的筒音及一、二、三孔称为下把位，四、五、六孔称为上把位（传统六孔箫同上）；八孔箫的筒音及一、二、三、四孔称为下把位，五、六、七、八孔称为上把位。

笛箫音准容易出现的问题之一是上下把位音准不统一，即上把偏低或上把偏高，引用“把位”一说是因为现代笛箫制作主要采用划升降线通过线板来设定各音孔与基音孔的关系，以笛子“线板”来举例说明，从左至右由 9 条纵线按一定比例布线组成，依次为吹孔（升降）线、膜孔线、第六孔线、第五孔线、第四孔线、第三孔线、第二孔线、第一孔线、基音线。基音线即基音管长，决定音高、笛子升降线的上下位置，亦决定各孔与基音孔的音程关系，各音孔按递减或递增比例升降，即线板准确，把握好升降线的位置，打孔无误，则不会出现个别音的音准问题。升降线把握不准，则表现为上把位音高偏高或者偏低，调试办法为：上把位偏高修挖下把位音孔，上把位偏低修挖上把位音孔，使上下把位音准统一。

“八度音准”即笛箫八度音程关系准确度，八度音准问题是笛箫制作中最为严重的问题。造成八度不准的原因有很多，例如笛塞的位置不当、接铜笛箫内铜套过大或过小、管体开裂漏气、竹材内膛的圆整度不佳、头尾大小差别（内膛锥度）不当等。调音时需要仔细辨别，具体情况具体分析。

笛子的整体八度出现偏窄或偏宽，可以通过移动笛塞的位置进行一定程度的调整。各调的笛塞都有大致相应的位置，整体八度偏窄可将笛塞往笛尾方向移动，偏宽则可将笛塞往笛头方向移动。移动笛塞只可用来微调整体八度问题，且可调范围有限。整体八度音非常不准确和个别音孔八度音不准确的笛子不能靠移动笛塞来解决问题。

内铜套选配不当，大于或小于竹材内径都会造成八度音准出现问题，因此接铜工序是否严谨将极大地影响笛箫的八度音准成功率。

因竹材内膛存在天然缺陷，笛箫普遍存在八度音准问题。笛子多表现为八度偏窄，箫多表现为八度偏宽，通常需要精细加工处理内膛——打磨或填补，具体方法凭制作师经验，在此不做详述。天然材料自然生长而成，用以制成科学专业的笛箫自然也是需要制作师仔细甄别不同问题，有针对性地加以处理。

二、发音效果的调试

音准只是乐器的必备属性之一，调音不光是调试音高音准，一件上等的好乐器还必须具备趋于完美的音色属性，即理想的发音效果。影响笛箫音色好坏的因素也有很多，如：竹材的老嫩，竹材的烘烤，各调竹材选用尺寸大小，开孔的大小、形状及孔壁斜度，等等。

1. 竹材对音色和发音的影响

直接影响笛箫音色的便是竹材的老嫩。总体来说，成熟略偏老龄的竹材，纤维密度高，竹质坚韧，发音结实饱满；嫩竹竹质疏松，发音绵软轻飘。竹材经过适度的烘烤，进一步去除残留水分，可使纤维更紧密，竹质

更坚硬，制成笛箫振动更充分而有弹性，声音会更加结实而有质感。

竹材尺寸大小及厚薄对发音的影响，概而论之有以下几种情况：同一个调的笛箫，内外尺寸过大者，发音空而暗涩，且高音难出。内外尺寸偏小者，声音狭窄憋屈、低音效果差、张力不够。竹材偏薄者，发音单薄轻飘且承受力不足，力稍大即破音。竹材偏厚者，往往八度音不准且振动不佳，发音费力，有不畅之感。

2. 音孔对音色和发音的影响

音孔的形状尺寸也极大地影响了笛箫的发音。以笛为例，吹孔最大，且形状有多种（圆形、椭圆形、圆角长方形等），一般采用椭圆形吹孔。笔者偏好近似圆形者，因其音色较浓厚而集中，强弱变化大，较其他形状的吹孔音色更圆润。还有一种模仿长笛的圆角长方形吹孔，其特点是音量可以更大，但一定程度上丧失了圆润的音质，灵敏度也要差一些。

指孔的尺寸小于吹孔，形状一般呈椭圆形或鹅卵形。指孔越大音量越大，具体尺寸应结合竹材尺寸和发音需求而定。指孔过大，声音散而不拢；指孔过小，声音闷在管内，爆发力不足。

笛膜孔最小，多采用椭圆形。笛膜孔过大过圆，笛膜中间容易塌陷，不易调整，声音噪而不纯。笛膜孔过小，音色缺乏清脆嘹亮的质感。理想的笛膜孔尺寸，应使笛膜振动与竹材振动达到最佳的平衡点。膜孔的位置对笛子发音也存在影响，膜孔靠近吹孔，有利于改善高音，膜孔靠近第六孔，低音的音效更加良好。修挖膜孔内壁斜度有利于笛膜的振动，但在南方湿度大的地方容易造成笛膜上水导致无法正常演奏的问题，需要经常更换笛膜。

箫的吹口采用内切口（箫与尺八正好相反，尺八采用外切口），发音柔和圆润。切口斜度越大张力越大，低音越浑厚。但也不能走极端，过斜会丧失音色的圆润感。箫的指孔较笛子小，若过大，音色会缺乏箫独有的韵味。

笛箫调音譬如医师医病，需要判断准确，对症下药方能调试出音效趋于完美的笛箫。调音没有统一的标准，尤其是音色和发音，不同的审美标准下制作出的笛箫，效果各不相同。

图 4

【作者简介】

罗刚，笛箫制作师，杭州灵声乐器有限公司调音师。

生于湖南常德，12 岁随杨志成先生学习竹笛，2004 年拜师于著名青年笛子演奏家、教育家、中央音乐学院民乐系副教授袁非凡先生，2007 年考入中央音乐学院本科民乐系，继续师从袁非凡先生主修竹笛，其间曾多次得到著名演奏家、教育家戴亚教授的悉心指点。

2011 年 7 月毕业，于北京京剧院和北方昆曲剧院担任笛子演奏员。8 月于北京拜师于著名笛箫制作家董雪华先生，潜心学习研究笛箫制作。

2012 年 2 月，赴浙江杭州“灵声乐器有限公司”随董仲彬先生进一步全面学习笛箫制作技术，担任“灵声乐器有限公司”“杭州—余杭铜音竹笛专业合作社”笛子演奏教员及调音师。其间有幸得到笛箫制作大师周林生先生的指导，对笛箫制作有了进一步的理解与心得。

鲍林峰谈接铜

鲍林峰

由于气候的变化，导致笛子在不同的温度条件下所产生的音高不同，就需要采用接铜的方法来调整笛子的音高。下面就简单地介绍一下接铜的几个步骤。

因为竹子内外径大小不同，笛子的规格不同，所以需要选择不同大小，不同长短的铜套，使铜套跟竹子的内外径吻合。

第一步（拉铜管），按大小不同，要采购一批不同规格的铜管。（图1、图2）

图1

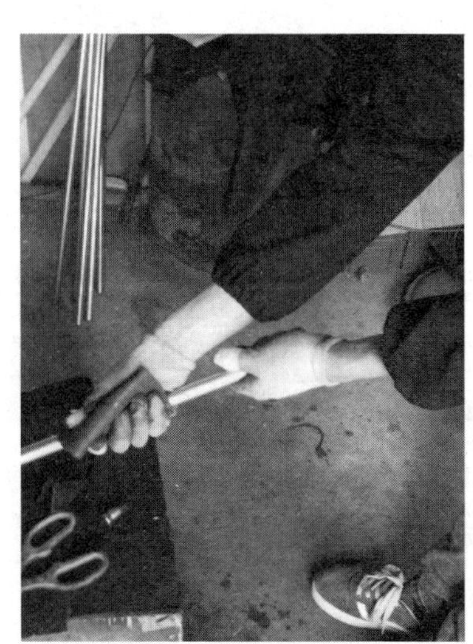

图2

第二步（割铜管），按不同规格，切割成长短不一的铜套。（图3）

图 3

第三步（配铜套），按竹子内外径的大小，配上内外径合适的铜套。（图 4）

图 4

第四步（接铜），把铜套镶在竹子上。（图 5）

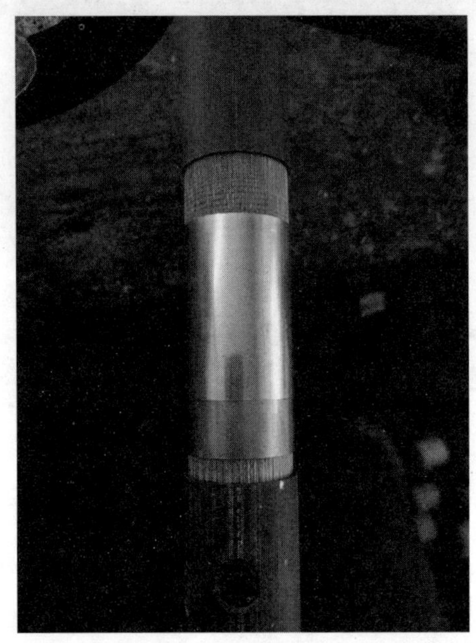

图 5

第五步（胶铜套），把车好的铜套用胶水牢固地粘在竹子上。（图 6）

图 6

第六步（切割），把粘好的铜套切割，使其符合标准。（图 7）

图 7

【作者简介】

鲍林峰，男，师承周林生，从小生活在杭州余杭中泰铜岭桥，18 岁进入上海民族乐器一厂铜岭桥联营厂，学习笛子制作，1990 年辞职，创立了“双林乐器厂”，开始专注于笛子制作及铜套工艺制作，产品在国内外享有很高的知名度。

丁杨志谈“老头”与“镶头”

丁杨志

一、“老头”的要求与装配

做高档笛的竹料，尤其是曲笛，通常取材于苦竹的根部以上第三、四节。此处的竹壁厚度符合制作要求，而且竹质紧密，容重大，但长度不够，百分之八十以上需要在吹口一端装置“老头”，低音大笛还需在笛子下部装置“笛尾”，才能完成制作要求。

图 1

对配置“老头”和笛尾的选料要求也颇高。选料时需选用竹子根部以上的短竹来用。此竹料因节距太短，无法做笛，但接“老头”却很合适。选择“老头”，外径必须浑圆，无虫疤、烂痕或烤焦乃至开裂的，而且要选竹壁厚的，有一定重量的。和笛子对接时，“老头”还应考虑选用合适的内外径要求、颜色要求、匀称度和笛身匹配。装置后，经胶合、上漆、缠线后与笛子浑然一体，看不出装置的痕迹。

图2 “老头”

二、镶头的要求与装配

给笛子两端镶嵌“镶头”，是一种传统的工艺。目前常用的镶头有树脂类、牛腿骨类、牛角类几种。

图3 “镶头”

以笛子的档次、外观颜色和用户要求来选择适当的“镶头”。装配时要选用尺寸相宜的“镶头”。经过车削、胶合、打磨、抛光、缠线等工艺后。一支漂亮的笛子便呈现在眼前了。

一般给箫是作“镶尾”，要求同上。因为箫的尾端竹节比较大，镶尾时，要选择略大一点的，才显得端庄大气。

图 4　接好“老头”与“镶头”的半成品笛

（周林生整理）

【作者简介】

丁杨志，师承周林生，中国竹笛之乡铜岭桥人，在 2000 年创办了“畅意乐器厂”。

谈笛箫的涂饰、缠线、雕刻、包装等工艺

孙　亮

一、笛身外表涂饰

图 1

1. 材料与工具

清漆或不易脱落的环保油漆均可，美工毛刷或棉纱团。

2. 方法与注意事项

可先刷虫胶液，调整笛身底色，然后用毛刷或棉纱团蘸适量清漆或环保漆，从笛头均匀地匀速刷到笛尾，如此反复，一边刷一边转动笛身，直到刷完为止。或用喷油漆的喷枪也可，方法同上，只要把油漆均匀地喷涂到笛身上就可以。（图 3）

图 2

图 3

二、扎线

1. 材料

钓鱼线或丝线等。

2. 方法

把线一端中间打一个十字交叉线环，缠出所需要宽窄合适的线圈后，把线的另一端从线环中穿出，线的两端用力拉紧，避免松动。（图 4、图 5、图 6）

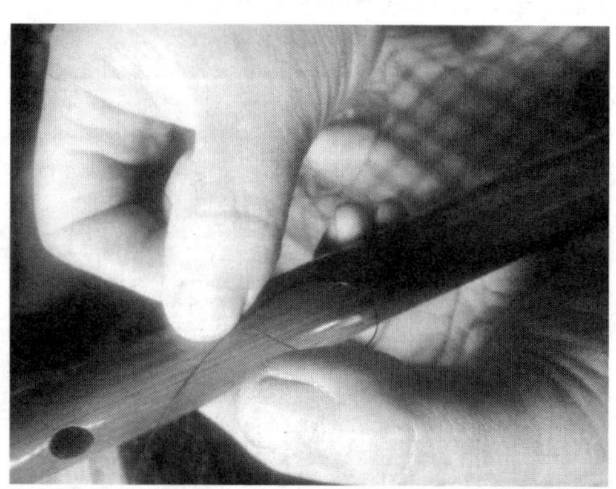

图 4

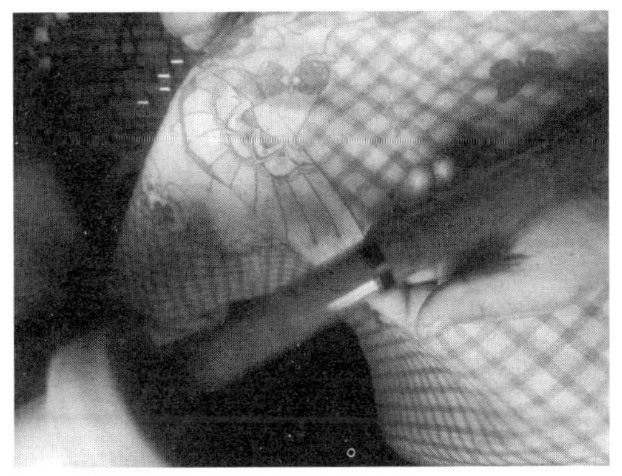

图 5

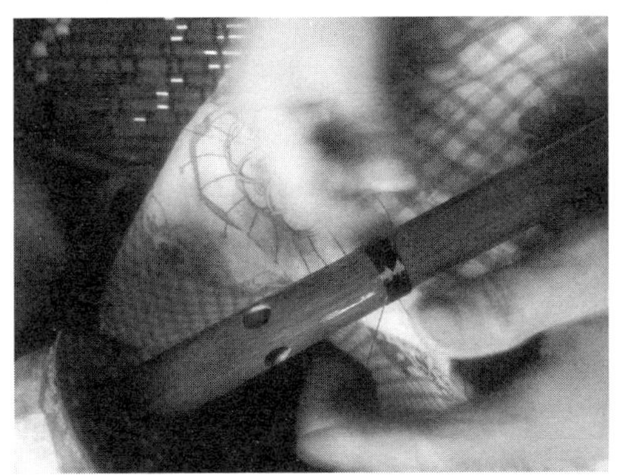

图 6

三、上线漆

1. 材料与工具

清漆或带颜色的环保漆等、刷笔（油画笔也可以）。

2. 方法

一手拿住笛子慢慢旋转，一手拿刷笔，蘸适量油漆，均匀地画在线圈上。（图 7）

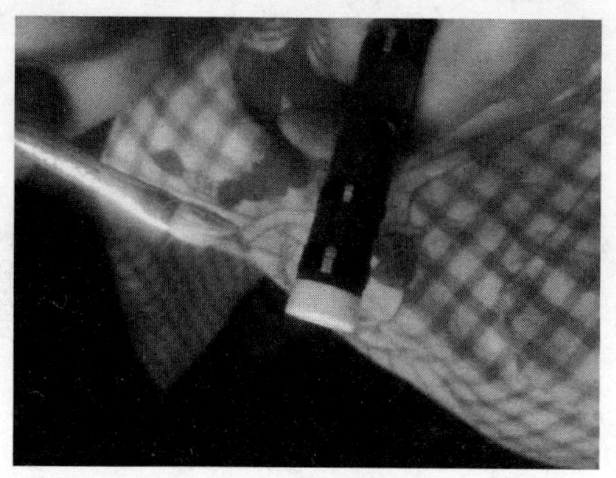

图 7

四、雕刻

（一）手工

工具与基本手法

手工雕刻需要的工具是手工雕刻刀或电动雕刻刀。

基本手法：手拿雕刻刀要灵活，力度适中，可先在笛身上面用“可擦笔”打一个草稿再进行雕刻，这样比较方便实用。

（二）激光雕刻机

操作与注意事项

根据需要合理计算字体的宽度、长度、深度、边框等，操作前可在废料上面预刻，这样避免刻错。

图 8

也可用毛笔在宣纸上书写汉字书法，再用扫描仪扫描到电脑上，通过电脑控制激光机，最后刻到笛子上。字的颜色可填金粉或广告色，填的时候注意涂抹均匀就可。

五、包装与打包

1. 外包装

绒布笛袋、笛盒、笛包等。

2. 打包

以打包的面积小、结实、牢固、不易松动、方便运输、承受压力大为标准。铜套的笛子打包时拔出铜套折叠过来再打包，避免快递过程中压断。

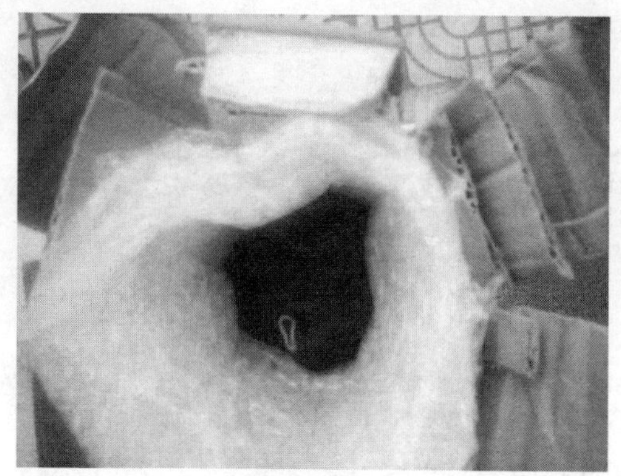

图 9

（周林生整理）

【作者简介】

孙亮，男，师承周林生，字继亮，号拙思，“笛园乐器”创始人，“笛园（亮尔）文化艺术培训中心”创始人，笛子制作师，笛子教师，书法教师。多年来苦心钻研力求创新，发明了“多节接铜笛”，使左势右势吹笛人都能使用。

笛箫内径打磨调音法

蔡鸿文

笛箫内径的处理，实践的方法很简单，只需要一些简单的工具。

图 1

所需要的工具分为两个部分，一部分是挖去内径，把内径变大的工具。另一部分是填补内径，把内径变小的工具材料。

如果是单纯地打磨内径，则只是把内径变大，所需要的工具比较简单。

狼牙棒内径锉刀：这个工具是在日本买的，现在在淘宝网上也有类似的工具可以买到。当然也可以自行制作。

木条贴上砂纸：这个工具就比较简单，买一些圆木棒自己用双面胶贴上砂纸就可以了。

初步的内径调音可以使用内径锉刀，挖去内径的速度比较快，但也需要小心地使用，以免挖去太多还需要填补回去。当锉刀修到非常接近时，就可以改用砂纸打磨。一开始可以使用 80 号或 100 号粗一些的砂纸，打磨完成之后再使用 240 号的砂纸细磨。如果要在内径上漆做到平整光滑甚至是镜面的效果，则需要用上更细的砂纸。我不使用化工漆也不使用虫胶漆、酒精漆，我只用大漆。一般来说需要打磨到 400 号以上的砂纸才能让

内径有足够的平整光滑度。800 号到 1000 号的研磨，只要上漆够均匀，就可以接近镜面效果。另外，因为竹材纤维会吸收漆液，所以需要反复上漆打磨最后才会有镜面效果。

如果内径大了，这个时候就需要填补内径，填补内径就比较麻烦，需要比较多的工具材料。现在有一些人会使用比较快速也容易操作的化工材料如 AB 胶、硬石膏粉、腻子粉等。这些材料基本上我都试验过，它们存在着不同的问题。最后我选择使用大漆、砥石粉与水这三项天然的材料来制作内径。但使用大漆工艺来制作内径却也是最麻烦的。

大漆的干燥特性与化工漆、酒精漆不同，大漆的干燥实际上是大漆与水分子产生分子结合硬化，所以大漆干固时需要水。而且大漆一经干固，全世界没有任何溶剂可以溶解它。（有些人会对大漆成分中的漆酚有过敏现象，但是大漆干固之后则没有毒性还可以入药）

如果单纯填补漆也是可行的，只是漆膜太薄，如果要填补出厚度，则需要反复操作非常多次。如果要在一次的填补中就达到一定的厚度，则需要添加砥石粉。砥石粉是一种高黏度的矿物粉末，只要加上水就会变得非常黏。实际的操作顺序是先把砥石粉加上少量的水拌匀，再加上适量的大漆。这三个材料的比例并没有绝对量，需要一定的操作经验。有时候我会微调这三个材料的比例来控制完成的硬度弹性特性，用以控制最后的材料振动的音色。

工具部分需要准备一块平整的木板或玻璃板，一把刮刀，一支细竹条（木条或铝条也可以）。

用刮刀在平整的板子上调匀大漆，然后用细竹条或木条，取适量的大漆放置到内径里面去填补。在 28—30℃，湿度 80% 的环境下，0.2mm 以内的厚度大约三天就可以干固。厚度越厚，需要的时间越长。填补之后，还需要进行打磨平整。通过反复的上大漆与打磨，我可以控制出精度在 0.1mm 以上的内径变化，用以得到最佳的音准与共鸣。

上过大漆的内径，需要用水砂纸来进行研磨。用水研磨才不会让漆灰粉末到处飞扬，避免被吸入肺里对肺部造成伤害。另一方面水砂纸也可以研磨得更平整细腻。

以上是简单叙述的操作过程，实际的手法可以参考美国导演卡尔帮我拍的纪录片视频《尺八天命》。在这个纪录片中有一些我填补与研磨内径的操作手法，有兴趣的朋友细心一点可以看到一些我实际操作的细节。

这个时候，你可能会问，我们要怎么知道内径的哪些区域需要打磨，哪些区域又需要填补呢？

首先你要具备一定的演奏能力。内径某一个区域的一点点调整，理论上对所有的声音都会有一定的影响。然而如果吹奏的能力不够，一个基本长音都无法吹得非常稳定，那么你就没有办法确认哪些音有偏差，而且又偏差了多少音分。而且不稳定而持续变动的演奏也比较难察觉到每次内径处理之后的细微区别。

当有了足够的演奏能力之后，还需要对管内径的声学原理有一定理解能力，才能准确地判断需要调整的位置。

对于管内径的声学原理，国外的研究早已经发现传统声学的频率计算无法满足实际的现象，开始使用更进阶的流体力学研究。我的老师 John Kaizan Neptune 最早提出 Pressure Point 压力点控制的内径调音技术，而我在 2005 年则首先提出了笛箫管内流体力学中关于 Back Pressure 回压的理论与运用。我在读研时也做过笛箫管内流体力学的实际理论研究论文，后来预计以高速摄影观测气流流动分析以及全息影像分析箫管共振的研究。虽然后来都没有完成，不过我已经有了一些心得与方向，让我对内径流体力学运作的变化更清楚，对我在内径上的研究有非常大的帮助。

笛箫尺八的发音原理都是一样的，主要是透过吹出的气簧被尖端割气流的边棱发音，当气簧的振动与管长耦合共振时把声音放大，而管长与管内径的状态决定了发出声音的音高与共鸣状态。（图 2）

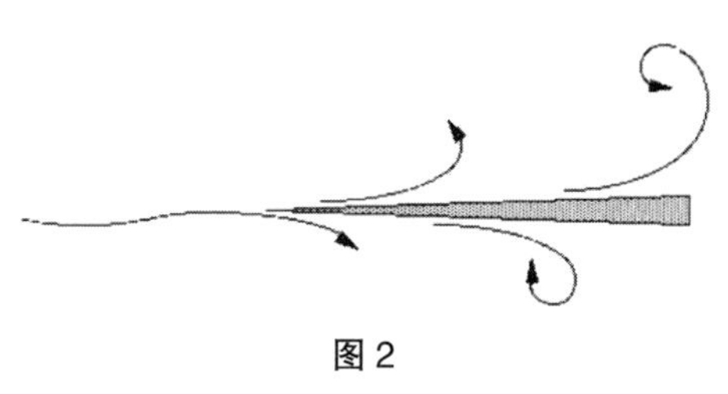

图 2

管乐器的发音靠气流，气流的振动形成疏密波，是一种因空气分子质量密度的变化进行持续传导的波动。管内气流不断持续地流动，以发音频率的振动次数进行波动。（图 3）

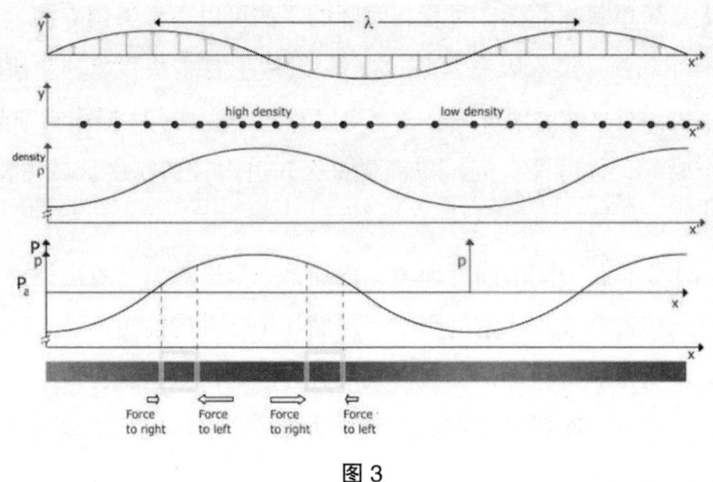

图 3

不同的音的波动在管内是以纵向的疏密波向前行进，但是疏密波的图形难以使用数据化图形来表示，所以我们转化为横向的波动图形便于观察。下面四个图形由上往下依序是横向波动图、密度图、密度压力数值图、压力方向图。（图 4）

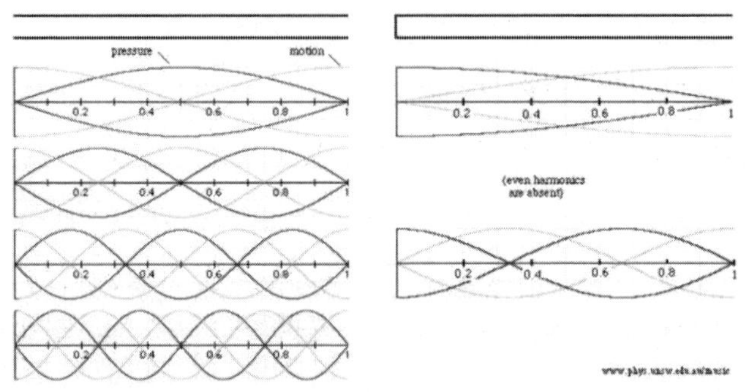

图 4

由上面这个图形中，我们可以看到，管内径任何一个位置都影响着所有的音的波动。

理解了管内径的波动状态之后，再来我们要简单地了解最基础的管内流体力学概念。那就是：在固定流量下，压力与截面积的大小成反比。也就是说管内某区域的内径大压力小，而内径小压力大。在声音音高的反映上变成压力增加了，音高则会升高，压力降低了，音高则会降低。演奏上用力吹，压力变大，音升高。放轻吹，压力变小，音降低。这个演奏上音准的控制是在内径不变之下，改变吹气压力的音高表现。有一定演奏能力的演奏者应该都能知道并且进行强弱音时的音高控制。

把这两个基础概念结合起来，我们在实务上可以这么运用：加大局部内径让压力变小，或减小局部内径让压力变大。通过控制管内径压力的变化，我们就能控制实际音高的改变。假设在 0.5 管长的位置上我们进行了打磨，因为这个区域在基频时的内径压力最大，打磨之后内径放大，造成波动变大压力变小，造成音高的下降。然而同样的位置在第一泛音时却是波动变小压力变大，造成音高上升。第二泛音是波动变大压力变小，造成音高的下降。第三泛音是波动变小压力变大，造成音高上升。每一个位置都对所有的音造成不同程度的影响。

当管长上开了音孔，气流流动受到开孔的影响而减短，音则升高。在侧开的音孔上，吹口到音孔之间类似于上述相同的状态。但是由于气流持续往下流动，压力与波动仍然会对音孔产生影响。下方的压力相对增加时，则回压增加，音高也会升高。回压的现象在高音域较大的气流压力下时，可以轻易观测出来音高的改变。而对于发音相对压力较小的低音域，则没有明显的变化。但是只要控制制作出适当的管内径变化，让管内径有适当的回压变化，相对的发音可以更灵敏，也可以承受更大的演奏气流压力，演奏上也就可以表现出更大的音量与张力。

在尺八的演奏上，某些特殊指法需要适当的回压才能演奏出来。依据这个现象，我发展出一套检查管内回压变化的指法，再透过这个指法检查出该调整内径的哪些区域。然而因为笛箫没有这些特殊指法，所以一般也不会去注意回压变化。经过我的实践发现，在笛箫上因为开孔指法不同，配合检查的指法会略有不同之外，依然存在相同的现象。

内径的调整，原理上并没有十分复杂，复杂的是一管笛箫尺八不是只有吹奏一个指法几个音而已，还要演奏许多音阶。当调整一个位置的内径的同时，除了同一个指法的泛音以外，也对不同指法音阶的音产生影响，所有的内径位置都有着相互关系，检查的时候也不能单纯地只看某个指法

某个音。跟我学习过内径调音的徒弟都有很深的体会，因为每次带着他们调内径从来不只看某一个音，必须要检查所有的音阶偏差再去归纳。

通过整理资料，结合心得体会，虽然细节不是很到位，但是实际操作与理论已经尽量写出来了。也许有人看完这篇就差不多能懂了八九成，剩下的是如何实践。因为每一支竹子都不一样，这个实践部分是写不出来的，我也只能手把手带着检查、带着制作，就像当年我跟海山老师学的时候一样。我的老师 John Kaizan Neptune 告诉我："调整内径可能会让你觉得很好玩，但也有可能会被搞疯。"

最后，理论与实践融会贯通才是最难的，希望大家都可以觉得很好玩。

【作者简介】

蔡鸿文，海峡两岸第一位尺八硕士，毕业于台南艺术大学民族音乐学研究所，曾陆续跟随国际尺八演奏与制作家 John Kaizan Neptune 学习现代尺八制作与吹奏；向明暗对山派师范冢本平八郎学习明暗流尺八吹奏；向国际尺八研修馆讲师菅原久仁义学习古典尺八演奏；向七孔尺八大师宫田耕八郎学习现代七孔尺八演奏；向东京艺术大学琴古流教师青木彰时学习琴古流尺八演奏。博采众长于一身，兼修尺八演奏与制作。曾于台南艺术大学亚太音乐中心进行尺八教学，并获邀于台湾、扬州、青岛、西安、武汉等地举办尺八讲座与音乐会演出。参与台南艺术大学《春之海》专辑制作并入围两项传统艺术类金曲奖，参与台北音乐厅《南方 minami》台南艺术大学日本筝与尺八音乐会，并录制该音乐会，于 2012 年 12 月出版 DVD。2013 年 7 月受邀于西安举办《尺八归来——长安第一届尺八研习班》，同年 12 月与日本筝大师范渡边治子受邀于湖南理工学院及武汉音乐学院举办日本筝与尺八专场音乐会及演讲。2014 年受邀于台南艺术大学举办《无穷出新音——不同时期的尺八制作工艺介绍》演讲，并举办尺八制作与吹奏研习工作坊。

冯琛谈笛箫制作

冯　琛

一、浅谈苦竹选材

采伐的新鲜苦竹，在锯成竹段后，一般要在避光、通风、防潮的仓库里放置 3 年左右，充分干燥，才能够使用。此时的竹子已失去青翠的色泽和大部分水分，优缺点充分显露，能比较准确地判断其品质。锯成段的苦竹常常带有竹节，无法直接看到竹子内部情况（包括厚度、密度、圆整度等），挑选时，要充分利用外观上的线索加以推测，需要考虑的主要有以下几个方面。

图 1

1. 密度

竹材的密度与笛箫的共振性能密切相关，对音色有较大影响，而密度的高低又与竹龄的老嫩紧密关联。一般来说，竹龄较老的竹子密度较高，竹龄较嫩的竹子密度较低。苦竹按平均生长周期来算，3 年以下为幼龄竹，4 年以上为老龄竹。一般制作笛箫采伐的是 4—5 年的老熟竹子，这种竹子水分含量适中，肉质紧密、竹壁有一定厚度，能达到比较好的发音效果。过嫩的竹材水分含量大，肉质疏松、共振性能不佳，制成的笛子音色空洞

飘忽。而过老的竹材水分减少，纤维韧性较差，烘烤时容易折裂，制成的笛子音色刚硬，缺乏丰润甜美的感觉。但野外生长的竹子个体差异较大，判断竹龄颇为困难，对伐竹工人的经验要求很高。实际采伐时，难免混入部分过嫩竹材，这就需要在选材时加以甄别。

经 3 年充分干燥后，竹材的密度区别可以通过外观和分量来推断。若为密度较大的老熟竹材，横截面从边缘往中心，可见紧密排列的竹纤维断面形成的深色点；若为密度较小的过嫩竹材，则横截面纤维点少而稀疏。老熟竹材新鲜时含水量较低，风干过程中减重较少，一般分量比较沉；过嫩竹材新鲜时含水量较高，风干过程中减重较多，一般分量比较轻。尺寸大致相同的竹材，密度越高，分量越重，反之越轻。

针对上述两点，选材时，我们可以通过观察竹材横截面，并掂其分量，来判断其密度。掂分量时，用手托在竹材重心的大致位置，品质较好的竹材会有明显的下坠感，而品质较差的竹材手感轻飘。有经验的选材者还会通过叩击竹壁，或在地上轻轻敲击竹材，根据声音来判断。这些判断方法十分依赖选材者的经验，竹材的尺寸、长短等都影响人的感觉，且每个人的手感、听觉有所不同，还需要结合其他方面来做判断。

2. 圆整度

生长在野外环境中的竹子，向阳侧、背阳侧发育状况有所不同。躯体细长的竹子还会由于自身重量、风雪摧折等因素而发生弯曲。所以，竹子不可能长成标准的圆柱形，每一根竹子，每一段竹节，内膛和外壁都多少有些不规则。外壁的圆整度主要影响笛子的外观，过扁的材料制成的笛子是非常不美观的。内膛的圆整度主要影响笛子的音准（尤其是八度音准），过扁或十分不规则的竹材，制成的笛子往往八度关系严重不准确，并且难以调试。

如前文所述，选材时我们往往无法直接看到竹子内部情况，但竹材内外的圆整度是紧密关联的，外壁形状也一定程度反映了内膛的形状。选材时，要仔细观察竹子的外观，选择相对浑圆的竹材，剔除过扁或奇形怪状的竹材。如果凭肉眼观察不能确定，可将竹材在手中旋转，用手指感受其圆整度，再做判断。

3. 头尾粗细差别

苦竹植株的地上部分是从下往上逐渐变细的，每一段竹节也有大头（靠近竹根的一端）、小头（靠近竹梢的一端）之分。竹材的头尾粗细不宜相差太大，否则既影响笛子的音准（尤其是八度音准），也影响笛子的美观。选材时，需要剔除头太粗、尾太细的材料，或者根据头尾粗细差别适当调整竹材的档次分类。

4. 外观有无瑕疵

生长在野外的竹子难免会受到外力损伤，例如害虫的啃咬，这会导致竹子外壁上留下疤痕、破损，成为瑕疵。轻微的瑕疵可以在制作过程中修补，而严重的瑕疵对成品外观有较大影响，会降低笛子的品质。选材时应剔除破损过于严重的材料，或者根据瑕疵的严重程度适当调整竹材的档次分类。

需要说明的是，竹子在生长过程中经历风吹日晒，体表往往带有色斑、条带等。这属于不可避免的自然现象，并非破损或瑕疵，在老熟竹子上尤为常见，笔者认为这种沧桑的痕迹无损笛箫的美观，反添自然意趣。但许多笛友不了解破损和色斑的区别，制作者应当有意识地进行知识普及，以免"冤枉"了好竹材、好笛子。

5. 尺寸

一根竹材适合制作什么调高的笛子，是根据其内外径尺寸和长度来确定的。经验丰富的选材者通过目测和手指比画就能做出大致准确的判断。如果没有这样的熟练程度，也可以用游标卡尺测量竹材的外径，用样品笛比对竹材的长度，得到较准确的数值再做判断。由于后续制作过程中要进行烘撬、去皮、磨光等工序，竹材的外径会略微变小，选材时的测量标准应该相应放宽一些（一般放宽 0.5—1mm）。

以上就是苦竹选材中需要考虑的五个主要方面。最后，笔者再强调两点：第一，上述几方面相互关联，必须综合、全面地考虑才能做出比较准确的判断；第二，品质的好坏优劣都是相对而言的，不同档次的笛箫对材料品质有不同的要求。选材者必须在大量实践中积累丰富的经验，才能根据制作要求，高效、准确地选择合适的材料。每根竹材都有自己的个性，

有不同的潜力，选好材料，是做出好笛子的基础。

二、笛箫制坯

（一）苦竹制笛坯

1. 烘撬

经历3年风干后，竹材还含有少量水分，并且有一定弯曲度，挑选好竹材之后，需对之进行“烘撬”，即“烘烤”和“撬直”。烘撬并冷却后，竹材纤维更紧密，质地更坚韧。经过烘撬的竹材振动性能提升，形状匀直，有利于呈现笛子良好的音色和优美的外观。

若竹材两端都带有封闭的竹节，烘烤前需要先刺穿其中一个，以防加热后内膛气体膨胀，导致竹材爆裂。烘烤一般使用炭火或电烤炉，要求把握好火候，均匀、充分地烘烤竹材的每一处，一般认为烤至竹材通体呈红褐色比较理想。火候不到，不利于撬直和竹材水分的排出；火候太过，竹材容易烤焦，二者都将影响笛子的发音和外观。烘烤不均匀则颜色不均匀，影响笛子的外观。

烘烤后的竹材，竹浆渗出、竹壁软化，此时可以对其进行撬直。由于竹材冷却后又会恢复硬度，且反复烘烤会影响其品质，撬直需要尽量迅速地完成，同时必须把握好力度。力度过小不能矫正其弯曲，力度过大会使表面产生裂痕，甚至断裂。一些弯曲比较严重的竹材，在撬直后放置一段时间，还可能向原来的弯曲方向恢复。因此，经验丰富的烤竹师傅有时会“矫枉过正”，即故意将竹材撬到往自然弯曲的相反方向稍微弯曲一些，这样竹材在反弹后正好变得匀直。一些外观形状略扁的竹材，也可以通过调整撬直的力度和角度，稍稍改善其圆整度。

2. 去皮、砂光

竹子最外面一层光滑的表皮称为竹青，用苦竹制作笛子，一般不保留竹青，而要将其刮去。目前有机器去皮和手工去皮两种操作方法，前者的优点是快捷、省力，但去除的表皮较厚，损失较多的质量；后者的优点是竹材的质量损失比较小，但必须要人力操作，效率较低，且竹材两端的表皮有所残留。

机器去皮使用的机器的主体部分是两个磨光砂轮，将竹材夹在两个砂轮之间从头至尾转动，磨去表皮。手工去皮需要用带圆孔的木板固定住竹材两端，使用带凹槽的特制刀片，将刀刃贴在竹材上，来回移动刮去表皮。一边刮，一边还要将竹材进行旋转，直到去除一整圈的外皮。熟练的师傅一天可以处理几百根竹材。

经过去皮的竹材，表面比较粗糙。尤其是手工去皮的竹材，两端还带有残留的外皮。由于后续不少操作需要在竹材表面做标记，一般要在砂光机上对竹材进行初步砂光。

3. 处理竹节

苦竹在砍伐后锯成段时，每节竹材的大头（靠近竹根的一端）一般都保留了竹节。进行了去皮、砂光的工序后，要将这个竹节连同大头鼓凸的一小段锯去。锯去竹节后，就能看到竹材内膛的大致形状和竹壁厚度了，此时可以直接剔除内膛过扁、竹质过松、竹壁过薄或过厚的材料。竹壁过厚的材料可用作笛头衔接的部分，物尽其用，减少损耗。

竹材的小头（靠近竹梢的一端）若也带有竹节，会影响笛子的发音，此时可以用特制的尖头锉刀将尾部的竹节贯穿，并扩大成喇叭口。一般将锉刀固定在车床上，启动车床操作。这一操作俗称贯头，具体放在什么时候进行没有严格要求，只需在调音之前完成即可。

4. 清理内膜

苦竹的内膛有一层内膜，俗称竹衣，经过阴干和烘烤破碎成细小片状，需要清理掉。一般的操作是在车床上固定好长毛刷，启动车床，将竹材套在毛刷上，来回移动，把竹衣全部扫出。

（二）紫竹、湘妃竹制笛坯

1. 烘撬

紫竹、湘妃竹存料时一般锯成一米多的长短，烘撬之前，首先要根据外径和竹节分布情况，进行笛坯、箫坯的分类。分好类别后，锯去多余的

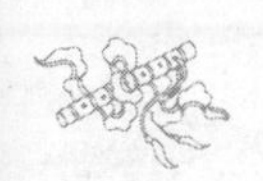

长度。锯竹时应当保留竹节以外 3—4cm 的长度，这样可以防止头尾竹节附近因受力过大而破裂。紫竹和湘妃竹烘烤前也要刺穿竹节，防止爆裂。由于这两种竹材需要保留表皮，烘烤时尤其需要注意把握好火候，避免烤焦表皮损伤外观。紫竹和湘妃竹烘烤后，应该先把竹节中间的部分撬直后再撬节，这样才能确保整根竹材匀直。相对而言，苦竹较硬而脆，紫竹和湘妃竹较软而韧，撬直所需的力度和角度有所不同。无论哪种竹材，要烘撬得恰到好处，都是很不容易的，需要在实践中积累大量经验。

2. 处理竹节

紫竹和湘妃竹的竹材带有多个竹节，竹节在内膛的相应位置生有横隔，需要将其全部磨平。一般操作是用带尖头的滚花研磨棒贯穿每个竹节，并磨去剩余部分，直至整个内膛平整光滑。可以将研磨棒固定在车床上，双手移动竹材进行操作，也可以反过来，固定竹材，手动操作研磨棒。这一步操作有一定风险，需要谨慎进行。

3. 清理内膜

紫竹和湘妃竹的内膜经过阴干和前期的处理仍呈片状，与内壁贴合比较紧密，使用普通的毛刷并不能清理干净，需要使用特制的钢丝毛刷。一般的操作是在车床上固定好钢丝刷，不启动车床，直接将竹材套在毛刷上，来回移动并旋转，直到内膛被刷净。

（三）紫竹、湘妃竹制箫坯

1. 烘撬

见紫竹、湘妃竹笛坯的“烘撬”部分。

2. 定调

为保证烘撬和定调的操作方便，紫竹、湘妃竹制箫坯的前期一般先保留超出所需的长度，尤其是顶部一节，锯断时要留下 3cm 左右的长度。箫定调的主要依据是外径尺寸，仅凭外径尺寸难以判断时，可以适当结合内径尺寸来考虑。由于竹节尚未打通，无法直接测量内径的尺寸，可以用游标卡尺测量箫顶部一节残留 3cm 部分的内径，作为大致的内径尺寸。一般认为，G 调洞箫的内外径与 D 调苦竹笛大致相同，F 调洞箫的内外径与 C

调苦竹笛大致相同。

3. 定长、打吹口

定长的主要依据是调高和形制。G 调洞箫的长度一般定在 75—85cm，F 调洞箫的长度一般定在 80—90cm，过长过短都不美观，对发音也有一定影响。箫的常见形制为七节、八节或九节，应根据每根竹材的具体情况进行安排，尽量将长度控制在前述的范围内。

定出所需长度后，找到竹材稍扁的两面。选择其中竹节较平的一面作为正面，将吹口和主要音孔安排在这一面。箫的指孔和竹节都比较多，难免会有孔开在竹节之上或附近，这样的箫孔周围需要进行一定处理（后面的工序中还会提及）。将孔安排在竹节较平的一面，这种处理相对容易，按孔的手指也会比较舒服。如果难以判断哪一面的竹节更平，就选择竹材花纹比较美观的一面作为正面。定出正面后，在这一面的中央从顶部往下画一条直线，作为正面的标记，以及后续定孔位的基准线。用台钻在这一面的顶部竹节上打出吹口的雏形。最后，锯去整根竹材头尾多余部分，注意保留作为箫顶吹盖的竹节。

4. 处理竹节

与紫竹、湘妃竹笛坯的这一处理步骤大致相同，需要注意的是控制研磨棒伸入的长度，不要损坏作为箫顶吹盖的竹节。

5. 清理内膜

与紫竹、湘妃竹笛坯的这一处理步骤相同。需要注意控制钢丝毛刷伸入的长度，不要损坏作为箫顶吹盖的竹节。

以上就是制坯的全过程，接下来将进入笛箫制作的核心工序。

三、浅谈笛子定音

本文详细介绍笛子从制坯之后到调音之前的几道关键工序。由于这几道工序确定了笛子的调高、音高、上下把位关系和音阶关系，我们将这一阶段统称为定音。

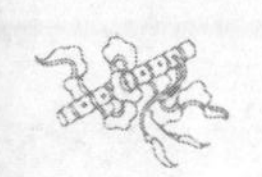

1. 定调、定吹孔位

由于竹材是天然材料，所以并不是标准的圆柱形，而是两侧稍扁、中间略凸。一般将吹孔定在凸起的一面，这样定孔位有利于吹奏时将气流灌入笛子内膛。将竹材在手中旋转，找到外表面最凸处，在这个位置稍偏左一点画一条竖线。

每个调高的笛子，内外径都有相应的标准范围，相对来说，内径的标准更加严格一些。所以一根竹材具体做什么调高的笛子，主要是由内径尺寸决定的。将特制的长腿游标卡尺伸入竹材内部，量出内径尺寸，找到相应的调高。根据这个调高确定笛尾到吹孔的长度，在合适的位置画出与先前的竖线相交的一条横线，交点即为吹孔位置。再量一下吹孔位置的外径尺寸，验证定调是否正确。部分竹材偏厚或偏薄，需要综合考虑内外径尺寸，选择相对更有把握的调高来制作。如果没有把握，建议先定为较低的调高，再打出吹孔，量出精确的内径，如果发现定调不合适，还可以及时调整为高一个音的调高。

2. 开吹孔

定好吹孔后，在特制的开孔机上开出吹孔，要求孔位不偏移、孔缘光滑，形状和尺寸合适。一般认为，吹孔的形状应该比其他笛孔稍圆一些，吹孔的尺寸应该比其他笛孔略大一些，这有助于吹奏时将气流灌入笛子内膛。打好吹孔后，还应该用游标卡尺测量吹孔处的精确内径，复查定调是否准确。

紫竹、湘妃竹笛坯定吹孔位时，要设计好笛头、吹孔、膜孔和音孔的位置，尽量使各个笛孔避开竹节。这两种竹材的内膛在竹节的位置不平整，大小发生突变，测量很可能不太准确。如果没有把握，建议先定为较低的调高，并在竹材尾端留下足够的调整余地。打吹孔操作与苦竹笛坯基本相同，打好吹孔后同样需要复查。若复查确认定调无误，可以按各个调高的标准，在竹材上取出笛子所需要的长度，锯去头尾多余的部分，方便后续操作。

3. 接铜套

在适当的位置（大约在吹孔和笛膜孔中间）将竹材锯断。量出断口处精确的内、外径尺寸，选出大小相匹配的内、外铜套，在车床上完成笛身与铜套的镶接，并用专用黏合剂固定，放置干燥。如果是单铜套，待干燥后，还要将外铜套从中间锯断，使笛身成为可以插拔的两截。

（1）接铜（插口）的作用

笛子随着气温变化，整体音高略有升降，气温高时音较高，气温低时音较低。镶接铜套之后，笛身分为两截，可以通过插拔铜套在一定范围内调节音高。铜套完全插入时音最高，拔出距离越长音高降低越多。但通过铜套调节音高，上把位的音高变化较明显，下把位的音高变化不明显。因此只能在一定的长度范围内插拔铜套，以免破坏上下把位音高平衡。除了调节音高，接铜套后还可以随时将笛子分成较短的两截，便于携带。

（2）接铜（插口）的形制分类

单接铜（单插口）：内铜套为双层，外铜套为单层，并在中间锯断，铜套完全插入时合为整体。由于铜套和竹子属于不同材料，振动性能不同，接铜多少会影响笛子的共振和发音。相对而言，单插铜套由于用材较少，对笛子的振动影响较小，并且出现衔接不贴合、漏气等问题时比较容易修补。

双接铜（双插口）：内、外铜套均为双层，分别与两截笛身镶接，完全插入时，较大的外铜套包裹住较小的外铜套。双接铜优点是明显加大了笛身的重量，使笛子的手感更佳。但由于铜套用材较多，对笛子的振动影响较大，接铜致使发音不灵敏、音色变差的风险较高。并且出现衔接不贴合、漏气等问题时不太容易修补。

4. 设置音孔

穿过吹孔从头部到尾端划出笛身的中心线，这是笛身正面安排音孔的基准线。量出吹孔处精确的内、外径尺寸。结合内外径尺寸进行计算，在吹孔附近划出升降线。根据外径尺寸，在笛尾部合适位置划出基音线，并根据各个调高的笛尾长度，安排好助音孔的位置。再在中心线正后方的合适位置定出两个基音孔的位置。

在特制的划线板上刷上颜料，将笛子放在底板和线之间，让线板最左边和最右边的两道线分别穿过升降线、基音线与中心线的交点（升降线与

中心线之间的实际交点往往在已经打出的吹孔中央，需要仔细对比找出相应的位置）。抬起笛身旋转，使线上的颜料在笛身上留下与中心线相交的清晰线条，交点就是各个音孔的位置。低音笛和特殊形制的笛子有时需要在中心线侧面、笛身背面等处开孔，有多种不同情况，可以根据演奏者的需要来进行相应的安排。

也有一些制作师不使用划线板，而用做了标记的细竹条帮助确定孔位，或通过计算得到各个音孔的位置。使用竹条定位比较快捷，但难以根据每根笛子的不同尺寸灵活调整孔位，精确性较差。计算得到孔位比较耗时，且计算使用经验值有一定偏差，还需要适当调整，对制作者经验要求较高。相对而言，划线板既能根据笛子的尺寸灵活调整孔位，又省去了计算和调整的繁琐，操作简便，是目前使用较多的一种方法。

5. 开孔、修孔

在开孔机上开出定好位置的全部笛孔，同样要求孔位不偏移、孔缘光滑，形状和尺寸合适。同一支笛子的音孔、助音孔和基音孔的形状一般采用相同的尺寸，形状接近鹅蛋形，上下左右对称。笛膜孔则应当更小一些，形状偏细长一些。如果笛膜孔的尺寸太大，吹奏时笛膜的振动太强，音色容易偏噪，带有杂音；如果笛膜孔的形状太圆，吹奏时笛膜中央容易下凹，也同样影响音色。

打孔机打出的笛孔并不完全光滑，并且由于钻头垂直下落，孔壁没有斜度，不利于发音。这就需要用专用的修孔刀适当修挖笛孔，调整其形状、大小和孔壁斜度，并用砂纸打磨掉孔边缘的毛刺。每个调高的笛子有大致适合的音孔大小和斜度，同一调高的笛子，根据竹壁的厚度不同，适合的音孔大小和斜度也略有不同。一般来说，竹壁偏厚的笛子，振动所需的气流较大，笛孔应当偏大些，内壁应当相对倾斜些，以利于气流集中产生振动。但究竟应该大多少、斜多少，难以测量，没有明确的数据，需要制作者在实践中自己体会和把握。修挖笛孔切不可过度，要为调音时的进一步修整留下余地。

6. 加笛塞

根据内径大小选择合适尺寸的笛塞，从笛子前端塞入内膛，并在带平面的铁棒辅助下，将其移动到合适的位置。有时需要将笛塞来回移动，直至调整到合适状态。由于笛塞是软木材质，有一定可压缩性，为保证气密良好，制作中通常选择直径比笛子内径大 1—1.5mm 的笛塞。一般操作是将笛子前端挖出喇叭口的形状，再塞入笛塞。需要注意两点：第一，笛塞不宜过小，否则容易漏气，影响发音。若塞入时感觉到笛塞在内壁上打滑，就应该换用尺寸大一号的笛塞。第二，塞入时要确保笛塞靠吹孔一侧的平面端正且平整，若左右倾斜，或向吹孔凸出，都会影响发音。可以用两支带平面的铁棒分别从笛子的两端伸入，调整笛塞的形状和位置。

至此，定音部分的工序全部完成，笛子已具备了基本的结构和外观，可以吹响了。

四、浅谈笛子调音

经过定音并开设音孔后，笛子已具备了基本的结构，可以吹出声音了。但此时笛子的音准、音高、音色等方面都没有达到最合适的状态，这就需要制作师进行调音。一般认为，调音是整个制作过程中最为重要也是难度最大的环节，决定了笛子最终有怎样的档次和演奏效果，对制作师的综合能力要求很高。笛子档次的高低、演奏效果的好坏是相对而言的，并且每位制作师、每位演奏者个人的标准都有微妙的差异。但综合来说还是有一定标准的，主要是以下几个方面：整体音高、八度音程关系、上下把位与各音孔的音高（音程）关系、发音灵敏度和通透性等。

由于笛膜的状态对笛子发音影响较大，而调音时的吹奏要求稳定地反映出笛子的发音状况，一般在调音时用万用胶带替代笛膜。拿到笛子后先进行初步的试吹，一般包括：快速的音阶上下行，快速的高低音切换，等等。通过这样的试吹，可以大致判断出笛子的档次和调试潜力，初步诊断出前述几个方面存在哪些问题，形成一个基本的印象，然后就可以进行精细调试了。

1. 整体音高

笛箫的调高是由升降线和基音线之间的距离决定的，这个距离被称为

笛子的基长。在每种调高的相应范围内，升降线、基音线的划定位置，吹孔的大小以及竹壁的厚薄的不同，都会影响到整体音高。其中影响最大的因素是基音线的位置和温度。

基音线偏高，所有的音孔位置都偏高，整体音高就偏高，基音线偏低则反之。同一调高、同一批次的笛子，如果出现了相同的整体音高问题，就需要考虑调整基音线的划定位置了，每个制作师需要在大量实践中总结经验，反复调整，才能逐渐掌握最合适的位置。

同一支笛子的整体音高，会随着空气温度的变化而上下变化，温度升高时音高也上升，温度降低则反之。温度每升高 1 摄氏度，音高上升 2.5—3 个音分，温度每下降 1 摄氏度，音高下降 2.5—3 个音分。制作中常用的音高标准如下：接铜笛箫，在 15—20℃下以 440Hz 为准；不接铜笛箫，在 18—25℃下以 440Hz 为准。如果实际制作温度超出上述温度范围，则需要按前面的规律进行计算，定出该温度下合适的音高。定音时，一般会把笛箫的初始音高设定得比标准音高低一些，为调音留下余地。按标准制作出来的笛箫，能够适应大多数情况下的演奏，但不接铜笛箫的音高不能在演奏中调节，一般建议演奏者根据四季不同的温度备齐相应音高的几套笛箫。

整体音高偏低可通过修挖吹孔来调整，整体音高偏高则需要填补吹孔。通过修挖吹孔调整音高，尤其要注意与其他问题的调整相互结合，防止修挖过度造成音高过高。由于上把位的音孔距离吹孔较近，在吹孔上做任何调整，对上把位的音孔都影响较大，而对下把位的音孔影响较小，调试时还需要注意上下把位的音高平衡。如果仅凭调整吹孔还不足以完全解决音高偏低的问题，就需要依次修挖每一个音孔，同样要把握分寸，切勿修挖过度。

2. 八度音程关系

初步试音后，仔细吹奏各个音孔的八度音程。八度音程关系是笛子音准中最为基本的要点，若八度音程不准，低音、高音没有各居其位，整个音阶关系就混乱了，这样的笛子在演奏时很难控制音准。八度不准有两种情况：八度音程偏宽（低音偏低或高音偏高），八度音程偏窄（低音偏高或高音偏低）。上下把位的八度音程问题和偏差幅度，往往不尽相同。

八度音程不准的主要原因是笛子的内膛存在缺陷。一般认为，内膛形状规则，横截面接近圆形，头尾大小差别合适的笛子，八度音较少出现问题。之所以在选材的环节要密切关注竹材的圆整度和头尾大小差别，就是考虑到竹材形状对八度音程的影响。但选材时只能进行比较粗略的判定，许多通过筛选的材料仍然存在一定程度的内膛形状不规则。由此造成的八度音不准确，往往需要进行打磨内膛的处理。打磨内膛使用滚花研磨棒或贴上砂纸的铁棒，要控制好打磨的位置，掌握合适的力度，避免打磨过度，对制作师的经验要求较高。

对于接铜笛子，如果内铜套尺寸不合适（过大或过小），造成接铜这一段内膛的大小突变，往往也会引起不同程度的八度音准问题。音孔距离铜套越近，受到的影响就越大。由于竹材内膛的横截面不是标准的正圆形，而稍稍呈扁圆形，选择铜套尺寸时难免出现误判。铜套选择不合适是笛箫制作中的常见问题，需要制作者在实践中总结规律，严格地进行测量和选择。

笛塞的位置与八度音准也有一定关系。每一支笛子，笛塞都有一个最佳位置，当笛塞处于这个位置时，不干扰笛子的八度音准和发音通透性；笛塞太靠近吹孔，往往引起八度音程偏宽；笛塞太远离吹孔，往往引起八度音程偏窄。同一调高的笛子，笛塞的最佳位置大致相同。实际制作中，一般在塞笛塞时先将其移动到这个位置附近，调音时再根据每支笛子的具体情况作微调。另外，笛塞靠吹孔一侧的平面必须保持平整，或者略微下凹，而不能向吹孔方向凸出，否则容易阻碍气流进入笛子，造成音色发闷。调音时如果发现笛塞凸出，需要用两支带平面的铁棒分别从笛子的两端伸入，调整笛塞的形状。

3. 上下把位与各音孔的音高（音程）关系

完成八度音的调试后，要检测上下把位是否平衡，以及各音孔之间的音程关系是否合适。可以依次吹上下行音阶，也可以比较全按泛音与第四孔高音，或第一孔泛音与第五孔高音是否大致相同。全按泛音或第一孔泛音代表下把位的音高，第四孔高音或第五孔高音代表上把位的音高。如果

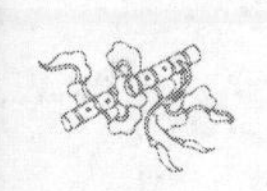

存在各音孔音高参差不齐的问题，要修挖音高偏低的音孔（往吹孔方向修挖内侧），使之达到与其他音孔一致的音高。另外，贴上笛膜吹奏，笛子的整体音高会比贴万用胶带时略低一些，其中上把位的音孔音高下降比较多。接铜笛在吹奏时，可能需要将铜套拔出一些来调整整体音高，同样也是上把位的音孔音高下降较多。经验丰富的制作师在调音时，会适当让上把位的音孔略微偏高一些，这样在贴上笛膜或拔出铜套吹奏时，上下把位的音高正好达到平衡。

引起上下把位音高不平衡的主要原因，是升降线或基音线划定的位置不合适。划定位置与不平衡问题的对应关系大致如下：升降线相对于基音线过高，上把位音孔偏高；升降线相对于基音线过低，上把位音孔偏低。同一调高、同一批次的笛子，如果出现了相同的上下把位关系问题，就需要考虑调整升降线与基音线的划定位置了，每个制作师需要在大量实践中总结经验，反复调整，才能逐渐掌握最合适的位置。

有时，由于音孔位置的偏差，会出现个别音孔音高偏高或偏低的情况，这可能是定孔位时出现了问题，也可能是开孔时出现了问题。如果同一调高的笛子，某一个音孔反复出现相同的音高问题，就需要调整定孔位的标准了，例如用划线板定孔位，需要微调相应线条的位置。

4. 高音

同一调高的笛子，高音是否易吹，主要与笛子的内径尺寸相关，内径尺寸较大，高音相对不易吹，内径尺寸较小，高音相对易吹。因此，定调时要严格把控，选择与材料尺寸相匹配的调高。通过打磨内膛来调整八度音程关系时，也要严格把控打磨的程度，以防打磨过度造成高音不易吹。

即使是在各个调高的标准尺寸范围内，内径偏大者，仍有可能高音发音困难，此时一般通过修挖助音孔来调整。助音孔的大小对高音 6 的音高有一定影响，调整时要综合考虑，不能修挖过度。

笛子尾部基音孔以下的长度也对高音发音有一定影响，每个调高、每支笛子都有一个最合适长度，太长或太短都会阻碍发音。如果通过修挖助音孔还不能改善高音，可以逐渐锯短末梢，反复试吹，直到找到一个最合适的长度。这一操作必须一点一点微调，过犹不及，可以在车床上进行。

5. 灵敏度和通透性

笛子的灵敏度主要表现在高低音的切换是否流畅无杂音，通透性一般指吹奏时气流是否顺畅、发音是否轻松，这两点与吹孔和各个音孔的状况密切相关。笛子属于边棱吹管乐器，吹奏时气流以一定角度射入吹孔，经吹孔边缘切割，一部分进入管内，一部分流出管外，从而产生边棱音，音波在笛管内形成驻波，产生稳定的音响效果。在气息稳定、口风正确的情况下，吹孔的大小、形状和内壁斜度是决定内外气流的主要因素，最终产生了不同的发音效果。各个音孔的状况则影响从内膛流出的气流流量和方向角度，关系到每个音的发音是否顺畅。

每支笛子的吹孔和音孔应该有怎样的大小、形状和内壁倾斜度，是由笛子的调高、竹壁的厚薄等决定的，各不相同。概括来说，调高低的笛子，吹孔和音孔应该比调高高的笛子大一些；同一调高的笛子，竹壁较厚者吹孔和音孔应该比竹壁较薄者大一些。修挖吹孔和音孔需要与其他问题的调试相互结合，要到位，但不可过度，同时应当保证各个音孔、基音孔、助音孔的大小统一。修挖过度的笛孔不但不美观，更会造成气流难以集中，音色变差。如何把握各个调高笛孔的大小、形状和内壁斜度，也需要在大量实践中总结经验。

6. 音色

除了音准、音高和灵敏度外，音色也是区分笛子档次的重要指标，它反映了笛子的振动性能，主要与笛子的材质有关。一般来说，老熟竹材的竹纤维密度较大，制成的笛子，振动性能较好，音色清脆明亮。而年份不够的幼嫩竹材由于纤维稀疏，密度较小，制成的笛子振动性能较差，音色晦暗沉闷。竹壁较厚的竹材，音色饱满结实，有张力；竹壁较薄的笛子，音色单薄虚弱，缺乏张力，容易吹破音。

笛膜的共振情况也是影响笛子音色的重要因素，笛膜共振太强，音色嘈杂刺耳，高音费力，容易吹破音；笛膜共振太弱，音色虚弱沉闷，缺乏笛子特有的韵味。只有当笛身和笛膜的共振达到一个平衡状态，才能发出强而不噪、弱而不虚的优美音色。因此，笛膜孔的形状很有讲究，不宜太大、太小或太圆。笛膜孔则应当更小一些，形状偏细长一些。笛膜孔太

大，吹奏时笛膜的振动往往太强；笛膜孔太小，吹奏时笛膜的振动往往太弱；笛膜孔太圆，吹奏时笛膜中央容易下凹。同时，笛膜孔的内壁要有一定倾斜度，以利于气流从各个方向集中到笛膜上，引发振动。每个调高都有相对合适的笛膜孔尺寸，同一调高的笛子，竹壁较厚者由于笛身的振动比较有力，笛膜孔应当比竹壁较薄者略大些。调整笛膜孔需要根据每根笛子的具体情况做判断，尤其要避免修挖过度，对制作师的经验要求较高。

完成调音后，综合上面几项主要指标，就可以区分出笛子的档次了。此时，笛子已经成为功能完备的乐器，可以吹奏乐曲了。

五、笛子的外观工艺

经过调音，笛子已经具备了乐器属性，可以吹奏乐曲了。但此时笛子的外观还比较粗糙，缺乏艺术审美价值，需要进行美工修饰，修饰过程中部分环节对笛子的发音也会产生一定影响。本文将介绍美工部分的各个工序。

1. 内膛涂饰

完成调音之后，一般会用虫胶液或稀释的清漆液涂饰笛子的内膛。涂料有一定的防霉防蛀作用，且能填补竹材内壁天然的细微不平整，减小内壁的摩擦阻尼，有利于声波传导，可以在一定程度上改善音色。一般操作是在细木棍前端绑上吸水的棉布，蘸取涂料，伸入内膛均匀涂抹。涂料必须全面覆盖笛箫的内膛，以及笛塞靠近吹孔的一面，要做到厚薄适中且均匀，不可出现露底、堆积或产生气泡的情况。这样的操作难免会使得笛孔的内壁也沾上一些涂料，有碍美观，对于高档笛箫，应该在之后用修孔刀将其刮去。涂饰内膛后，需要放置晾干，才能进行下一道工序。

2. 镶接笛头

由于整节竹材长度有限，苦竹笛子吹孔前端的长度可能较短。这就需要另取一节竹材作为笛头，镶接在笛身上，使吹孔两侧的长度、重量达到一定的平衡。用作笛头的竹材，应确保外观圆整、光洁，没有破损或瑕疵，色泽尽量与笛身接近。为了确保成品整体匀直美观，用作笛头的竹材应当以较粗的一端与笛身镶接，这一端的尺寸应该尽量与笛身接近（可以偏大，不宜偏小，要为后续打磨留下余地）。选配好合适的笛头材料后，在车床上完成笛头与笛身的镶接，并以专用的胶水黏合，再锯去多余的长度。笛子发音时，笛头部分参与共振，也能在一定程度上改善音色。

3. 镶接骨饰（角饰）

此时的笛子，两端还留有锯断形成的截面，不太美观，需要进行镶饰。镶饰材料一般使用黑色水牛角、花色牦牛角、白色牛腿骨等，这些材料镶接并抛光后呈现光洁圆润、晶莹剔透的质感。骨饰的形状呈空心圆柱体，颜色应根据笛子的基本外观来选择搭配。头尾两端的骨饰（角饰），尺寸应该尽量接近笛子头尾两端的外径大小（可以偏大，不宜偏小，要为后续打磨留下余地）。选配好合适的骨饰（角饰）后，在车床上完成镶接，并以专用的胶水黏合。

4. 整体打磨

完成上述工序后，笛子的外表面还比较粗糙，笛身与铜套、笛头、骨饰的接缝不平整，需要在砂轮机上打磨光滑。打磨一般需要使用从粗到细不同目数的砂纸重复几次（砂纸的目数越小，颗粒越粗大；目数越大，颗粒越细腻）。打磨的过程中，还可用竹粉和胶水对笛子上细微的瑕疵、镶接处的细缝进行填补，最终应使笛子表面光洁、接缝平整。

5. 外表涂饰

*（用紫竹、湘妃竹等带节竹材制作笛子，一般无此工序）

苦竹制成的笛子，表面一般需要上漆。通常首先使用虫胶液作为底漆，一来可以调整色泽，二来可以在一定程度上防霉防蛀。底漆往往要反复涂几次，直到完全遮盖竹材原有的底色，并呈现亮泽的外观。涂抹必须要均匀，不露底、不堆叠（笛孔周围尤其需要注意）、不挂液。一般使用不易起球的棉布包裹海绵，蘸取虫胶液手工涂抹。注意每完成一次涂抹，必须充分放置晾干，才能进行下一次涂抹，否则容易引起堆叠、挂液。

除了基本的虫胶底漆，一些笛子还要上一层面漆，一般使用透明无

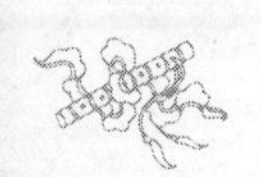

色的竹木专用清漆。清漆干燥后透明度高、光泽度好、坚硬耐磨，对笛箫有一定的防裂保护效果。清漆一般只涂抹一层，也要涂抹均匀，做到不露底、不堆叠。目前常用的操作有手工涂漆和气泵喷漆两种，相对而言，后者操作方便、效率较高，但清漆的浪费比较严重。清漆的氧化干硬需要一定时间，完成涂饰后要充分放置晾干。

铜套和镶饰的材质不同于笛身，需要另做处理，上底漆和面漆时一般用万用胶带遮盖住，避免沾到漆液。

6. 细部打磨、抛光

铜套和骨饰（角饰）上仍有前几次打磨留下的细纹，在抛光之前需要精细打磨去除。一般把笛子固定在车床上，开启车床，用目数较大的砂纸条打磨这些部分。打磨完成后，在铜套上涂少量专用的防锈液（铜光宝），放置一段时间彻底干燥。紫竹、湘妃竹等不去皮竹材制作的笛子，骨饰（角饰）和整个笛身都需要抛光。笛身在抛光之前可以先用目数最大、砂粒最细的砂纸（600 以上）轻轻打磨一遍，使其更加光滑，以利于得到良好的抛光效果。苦竹制作的笛子，只需要抛光镶口骨饰（角饰）。操作时，一般将磨光机的砂轮换成抛光布，启动机器，在抛光布上打蜡来进行抛光。抛光骨饰（角饰），要使之呈现晶莹剔透的光泽；抛光笛身，要使之呈现光洁温润的包浆感。

7. 缠线

在笛身上缠绕饰线，不仅装点了笛子的外观，也能起到一定防裂作用。饰线有棉线、尼龙线等多种材质，粗细有多种规格，色彩丰富，如果与笛子的基本外观搭配协调，就能起到画龙点睛的装饰效果。缠线根据需要，有松有紧，紧线必须纯手工缠绕，颇费工夫，一般使用在高档笛箫上。松线可以使用专用的机器缠绕，操作相对简单快捷。饰线一般缠绕在笛头、笛尾和间距较大的笛孔之间，线的道数和每道线的宽窄应根据笛子调门、粗细和具体款式而定。缠线过于稀疏或过于致密都是不美观的，虽然这一步难度不大，但也需要合理安排。

完成这一步后，有时还会在饰线上涂以线漆，线漆既起到固定作用，防止饰线松散，又调整了饰线的颜色，覆盖了线结，使之更加光洁美观。

线漆有黑色、红色、无色（即清漆）等，需要按照笛子的基本外观和饰线的颜色来搭配。涂抹线漆要做到匀直、宽窄适中、完全覆盖饰线，一般需要涂 2—3 次，操作者必须眼明手稳、动作流畅，对操作者的经验要求比较高。

8. 雕刻

完成上述工序后，一般还要在笛子上刻诗词或图案，以及调门、落款、档次等，这不仅使笛子的外观更加优美，也增加了辨识度。早期笛子上的文字、图案都由专门的技师手工雕刻，花费的时间较长，技术要求非常高。现在这些工作大多交由激光雕刻机来完成，雕刻机操作方便，效率大大提高。刻痕露出竹材的本色，颜色比较暗淡，一般还要在其中填上各色颜料，让文字或图案更鲜明。

9. 包装

包装前要再次检测笛子的音准音色，并检查外观有无瑕疵，例如饰线有否松脱、抛光是否充分、笛孔内是否清洁、文字图案中的颜料填充是否饱满等。接铜笛还要检查铜套的松紧程度，如果铜套太紧，不仅插拔费力，用力过大还可能引起铜套松脱、笛身开裂，需要稍做打磨再涂上少量润滑油；如果铜套太松，容易造成漏气和滑动，需要用锤子和铁棒稍稍调整内铜套的形状，直到情况改善。

最后，擦净笛子在制作过程中沾染的灰尘，进行包装。一般先将笛子装入防潮、防尘的透明塑封袋，再装入绒布袋或笛盒、笛包中。

至此，笛子的整个制作流程就完成了。从竹子到笛子，共经历几十道工序，每一个环节的精准精细，才能造就一支兼具音乐表现力和审美价值的好笛子。制作师应当不断精进技艺，相互交流切磋，在笛子的精准度、表现力和制作工艺等方面做深入的研究。希望通过我们的努力，能为笛子制作设计更为科学规范的操作和检测标准，为这种历史悠久的民族乐器赋予新的内涵。

【作者简介】

冯琛，女，生于竹笛之乡余杭中泰铜岭桥，毕业于浙江工商大学，生物工程专业。师从笛箫制作名家董雪华，并得到周林生、董仲彬等制笛前辈的提携，钻研制笛工艺。拥有注册商标“佳人歌”和淘宝平台独家品牌专卖店“佳人歌笛箫馆”。

漫谈笛箫制作与维修

周林生

中国笛箫历史悠久，据说可以追溯到八千多年以前的新石器时代。

1987 年 2 月 11 日《人民日报》以“骨笛销迹八千年，出土犹奏新旋律”为题，报道了这次考古发现:“记者在河南省文化厅举行的新闻发布会上，喜观一支距今约有九千年的骨笛，聆听了中国艺术研究院音研所测音员用它吹奏的民间乐曲《小白菜》的录音。这是我国考古工作者目前发现最早的乐器。这支用猛禽骨制成的骨笛，长约 20cm，上有 7 个同规格音孔，在末孔上端另有一小孔。骨笛呈浅土黄色，光泽明亮，形制固定，制作规范。经有关音乐家测试，具备音阶结构，至今仍能吹出旋律。”

在浙江河姆渡出土的已有七千多年历史的骨哨、骨笛中，有一根非常珍贵的骨笛，它中指一般粗细，10cm 左右长，有一个横吹的吹孔，六个音孔。这和今天的六孔竹笛已十分相似。

我们的先人在八九千年以前的新石器时代，用原始简陋的工具，在坚硬的禽骨上挖制出同规格的音孔，而且制作规范，显示了无与伦比的精湛绝技。即便在今天，如果不依靠尖利的金属刀具，而仅用粗笨的石器骨器，试图在坚硬的禽骨上挖出同样规格的规范音孔来，也是不可思议的事。我们的祖先究竟用什么样的工具来挖孔的？这真是一个谜。

今天所称谓的笛箫，通常指横吹的笛和竖吹的箫。制作笛箫，按工艺流程大致分为选材、制坯、定调划线、开孔调音、涂饰等几个方面。

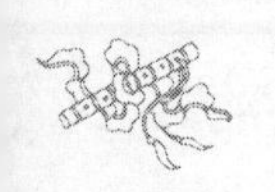

一、选竹

可用以制作笛箫的材料很多。广义地说，只要是一定口径的管状物都可以，像金属管、木管、玉石管、骨管、塑料管等等，但最常用的还数竹子。适宜制笛箫的竹子很多，有苦竹、紫竹、淡竹、凤眼竹、湘妃竹、梅螺竹等。其中以苦竹与紫竹最常见。

苦竹也叫伞柄竹、青蛇枝，笋苦不能食。主要分布在长江流域的江苏、浙江、安徽、江西及福建等地。在浙江省的安吉、余杭一带山区，又称其为笛竹，是制笛的理想竹材。

紫竹也叫黑竹、墨竹、观音竹。分布于浙江、安徽、江西、福建、湖北、四川、云南、贵州等地。在安徽、江西，农民赴婚宴时，常有送紫竹的习俗，取“送子”之贺意。紫竹的谐音“知足”，知足常乐。

挑选优质而合乎制作要求的老竹，是制笛的关键之一。一般选用 3 到 5 年竹龄的竹子。判断竹子的老嫩，一般可从竹子的外表进行观察。

嫩竹子，受光照时间短，竹皮翠绿，竹身无光泽，竹节毛涩，节纹粗。尤其是幼竹，还可以在竹根处找到蜕落的竹箬。老竹子，光照时间长，竹皮青里泛黄，甚至透红，竹身光亮，节纹细。用手摇竹身，嫩竹子竹身易摇动弯曲。老竹子坚挺不易摇动。另外，从竹叶的颜色上也可以识别竹子的老嫩。嫩竹的竹叶，翠绿欲滴；而老竹子的叶呈暗绿色，甚至带有枯黄。

竹材的砍伐在每年的冬季，俗称砍腊竹。此时，竹材含水率较低，也不易虫蛀。根据制作要求，挑选砍伐外径大约为 2 到 3cm，节距适中，竹身圆整、均匀的老竹。砍伐后沿竹节处截断，剔除根部几节太厚且节距太短的，及梢枝几节太薄又有水沟分枝的。一株竹，可用于制笛的只有 5 节左右。有经验者往往选长度刚好够得上开吹孔、且需要接笛头的那 1 到 2 节料。其他几节，虽然节距较长，干燥后往往手感较差。竹子经过干燥、加工以后，直径一般会减小 1 到 2mm。因此，假如 D 调曲笛外径要求在 25mm 左右的话，那么就要挑选 26mm 左右的竹材加工。

紫竹一般选乌黑光亮或附有白霜、青苔的老竹。有一种皮色像黄鳝一样的（叫黄鳝竹），有一种皮色黄里带有粒粒黑点的（叫芝麻竹），都是紫竹中的上品。笔者曾觅到一棵盘龙紫竹，十分罕见。是青藤盘绕在紫竹上，经长期光照形成一圈一圈的自然紫色，煞是好看。制成箫后，让朋友给“抢夺”去了。

紫竹从根部起，到有水沟分枝处截断，留取约有 120cm 的一段毛坯。如果要做带根的箫，还得掘根。砍伐下来的鲜竹，又称活竹，不能马上用于制作，至少要存放一年以上，进行自然干燥。存放期间要注意防雨、防晒、防风、防霉。

竹料一般分为低音笛料（三孔为 F、G、A、^{b}B 等）、曲笛料（C、D、E 等）、梆笛料（F、G、A 等）、小笛料（^{b}B、C、D 等）几种。

箫分为洞箫料、琴箫料（调名一样，粗细有别）。制作前，挑选合适的好料是十分重要的。所谓好料，是指比重大、手感好的料，再就是要粗细、厚薄、长度、圆度符合要求。如果是紫竹，还要考虑颜色、花纹、节距等。

对于制作者来说，能挑选到理想的好竹，是非常愉悦的事。即便搞得浑身汗尘，也无所谓。因为一件好的笛箫的诞生，是从一份好的材料开始的。

二、制坯

挑选了合适的好料之后，接下来就要制坯。制坯分烘撬、铰尾节、清洁内膛、刨皮、磨光、接尾等。

首先是烘烤与撬竹。这是一项技术性很强的工作，除工具特殊外，还要有较长时期的实践。烘烤的目的，除了便于加工撬直外，还具有将竹内水浆烤干，使竹质更结实的作用。火候的掌握，不但对颜色外观有影响，更主要对今后制成的笛箫音质有影响。

在撬直加工中，有经验的师傅还能将本身不太圆的竹子撬圆。烘撬的工序至少重复两遍以上。有些硬竹子性子“倔”，撬直放置几天后，又弯了，工人称之为“醒过来了”，还须再行加工，直至把它“撬服帖”。有意

思的是，“犟头倔脑”的竹子，往往是好竹子，在撬直过程中要当心撬裂。

在制作过程中，有局部复弯的地方，还须随时在酒精灯下小心地局部烘烤，进行撬直。撬直后，要用冷水“冷结”，才不易复弯。用“矫枉过正”来比喻撬竹，是十分适当的。有经验的工人，往往将竹子略撬过头，这样，日后复弯时，正好处于笔直的状态中。所以，对竹子的性能要有所了解。开过孔的竹子再发生复弯时，一般就不再烘撬，以免造成豁裂。

撬直后的竹子，白竹（苦竹）要将头部的节子截去，长度以合适为宜。长度不够的，还须接坯、接尾。尾部节通常保留，用刀铰通、锉平。将竹皮刨去，打磨光洁，去除内膛垃圾。近来，有一种保留竹皮的做法，因竹皮坚硬、不易裂，而且竹纹美观、观赏性强，制成笛子后，自有一种古朴天然的韵味。

紫竹本身相当美观，不必刨皮，但须将内膛竹节铲平、磨光，将多余的部分截去。如果做箫，吹口一端要保留节盖。保留 9 个节子，俗称九节箫。民间有八拳九节的说法。有些紫竹 9 节偏长了，就截去 1 节，成 8 节，也无妨。做紫竹笛，一般保留 6 个节子。

三、定调

完成了制坯工艺后，就进入定调、划线工序。

首先是划吹口位置。吹口的位置，须由打算做什么调来决定。尽管在选料时，已初步决定制何调。但是，经过烘烤、去皮、磨光后，情况会有所变化，原来打算做的调子，有可能会觉得不妥，需要重新斟酌。

决定一支料做何调最合适，一要考虑内径、厚度是否合适，二要考虑竹料长度够不够。每种调都有它自身合适的条件与要求。尽管由于要求不同，会有差异，但差异不会很大。适宜制大 G 调的，假如制成大 F 调或者大 A 调，就会不理想。经验不足的，常常为定错调，开错吹口位置，浪费一支好料而懊恼不已。

除了调的因素外，还要从竹子的扁度、圆度情况考虑。箫的吹口通常开在扁的部位，笛子则相反，通常开在侧的部位，故有“侧笛扁箫”的说法；左右手执笛也不相同；等等。这些因素虽然是细微的，但不良的吹口角度会影响笛箫的音质。

如果是紫竹，还要考虑竹节的凹凸，音孔与竹节的安排，甚至颜色、花纹等因素。在满足吹口位置合理的前提下，尽量将竹节凸起的一面，安排在开孔的背面。同时，尽量将颜色、花纹漂亮的一面安排在开孔面。竹节与孔要安排妥当，孔要尽量避开节，尤其是膜孔，不能安排在节上。

总之，笛箫定调，吹口的定位是很仔细的事，需要从多方面权衡。开错吹口位置，就如“吃错药”那样。因此，即便是老资格的制作家，在定调、划吹口位置时，也会反复思量，不轻易下手。说吹口定位犹如给笛箫定终身，一点也不夸张。给一支笛箫吹口定位时，实际上已将该笛箫的基音长度和尾长都考虑进去了。笛尾一般为基音长度的五分之一左右。太长或太短，都会影响音质。

笛子的内径选择，是制作上非常关键的事。在内径计算公式上，乐器界前辈刘鹤云先生提出按“2 开 18 次方”的方法，结合深资理论家屠式璠先生将刘先生的 D 调笛内径改为 17mm 后，按此公比算，各个调的内径基本上都是很合适的。

挖孔时，吹口可暂时小一点，留下以后调整的余地。

吹口的大小、形状要根据笛箫的音准、音色、音量、音域、灵敏度的需要而有所变化，不可拘泥刻板。笛塞的位置，以笛子能准确发出泛音列为好，不适当的笛塞位置会影响笛子的音质。

笛子的内径要测量精确，还可以通过观测内径的圆整度来修正，为基音的定位提供参考。各调笛的基音长度，可用“三分损益法”求出，也可用“2 的 12 次方”的“公比”求得，这和实际制作情况是相似的。

洞箫的内径可以参考向上五度笛子的内径。如果是琴箫的话，可以参考向上八度笛子的内径，南箫也可以参考同度笛子的内径。箫的基音长度可参考同度的笛。如要准确求出箫的基音长度，还可以用“二次定调法”求得。二次定调法是我在前人的基础上总结的，准确率几乎是百分之百。

在实际生产中，要做几套适合各种气温的，同一调门又各有几种直径规格的笛箫“样子”。根据用户需要和竹子的具体情况，选用不同的“样

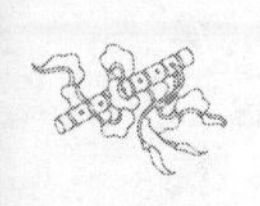

子”来进行笛箫基音的定位，是很实用的。赵松庭先生写的《横笛频率计算与应用》对笛子的制作很有帮助。

确定了基音位置后，按经验划出笛子尾部的两个“前出音孔”。箫的两个“辅助音孔”在基音孔下方约2cm处。这些孔虽无音频要求，但对高音有密切关系，假如超吹高音有障碍，经常就是调整该二孔的大小、孔距，或者调整尾巴的长短。

笛箫的按音孔尺寸，是依据吹口中心到基音的垂直长度，按一定的比例而成。

有关笛箫音律的问题，近代音乐巨擘郑觐文、杨荫浏、郑玉荪、赵松庭先生等，都做过很深的研究，总结了许多行之有效的理论。

杨荫浏先生是中华人民共和国成立后第一任中央音乐学院民族音乐研究所的所长，他亲自做过几百次的笛律实验。他在1947年写的《谈笛音》，以及其他有关笛箫的论文中，对笛箫的制作，特别是笛律问题，做过很深的探索。20世纪70年代后，他抱病写的《管律辩》《三律考》二文，是他毕生研究中国乐律的总结，对笛箫的制作有很深的指导意义。

在批量生产中，还有使用“划线板”这种工具来定孔位的。划线板是根据比例的原理，在操作时根据不同的情况，用“升降”的手法来划定孔位的。划线板是郑觐文先生在20世纪30年代根据古代“弦准”的原理创制的。

上海制笛最早运用划线板的，除了“大同乐会”乐器厂以外。据说还有老一辈的民乐制作家丁富元、章产明先生等。中华人民共和国成立后，苏州民族乐器厂也相继在笛箫生产中运用了这种工具。笛乡铜岭桥的许多笛箫厂家也采用这种工具。生产实践证明，划线板技术如果掌握得好，制成笛子后，基本是不用调音的。

四、开孔校音

笛箫各音孔位置确定后，接下来就是钻孔。从前都是选择大小合适的三棱钻或梅花钻。虽然现在有一次成型的打孔机，甚至有电脑激光打孔，但掌握一手精湛的挖孔技术仍然是非常重要的功夫。

在中国，制笛流派按其挖孔用的刀具和刀法不同，大致分为三种流派。流传在苏州、上海，以及近年来的铜岭桥大部分制笛者，用的是“扁刀”刀法。此外，还有些制作者是用“圆刀”刀法的。圆刀法曾流传在北方一带，现在也出现在南方了。贵州玉屏制笛，用的则是“钎刀”刀法。

三种制作流派，挖孔手法不同，刀的形状也不同，各有千秋。

苏州、上海、铜岭桥大部分制作者，是属于同一制笛流派，这个流派有着清晰的师承体系，为近代中国制笛中最有影响、最有实力的一个流派。近代许多有声望的制笛名家，像郑玉荪、周来有、徐六四、朱万保、章产明、常敦明、顾锦康、陈建平、邹叙生、周筱楠、贾耀良、王益良、周林生、韦世德、沈珏青、杨连根、赵景国、戚伟康，以及笛乡的董雪华、黄卫东、丁小明、董生华、丁小林、李德华、鲍雪海、丁一明，等等，都是出自该制作流派。

挖孔前应先试吹一下音，根据音孔的发音情况，有目的地去挖孔，这样才能有效地调整音准与音质。音孔挖好后，还要对笛箫整体的声音进行仔细的调试。

“音频仪”的使用，大大方便了笛箫调音。但不要吹一下音，对一下仪器，这样不容易调准音。一般地说，音频仪可用于测试基音的高低。笛箫的整体音准，仍需要依靠正确的吹奏和灵敏的耳朵去鉴别。因此，吹奏与听力就显得十分重要了。

五、涂饰

完成挖孔调音后，就可以进入油漆涂饰的阶段了。

紫竹笛箫相对简便，只要截去多余的竹子部分，涂饰内膛，镶上骨饰，抛光外表，刻上诗词、调名、署名，包装后大功告成。

白竹笛还要进行接坯、上底漆、扎线、刷漆等工艺。

一般来说，低音笛、曲笛等几乎都需要接上一截头部，俗称“接老头”。有些笛，在制坯时，还需接上尾部。这是因为低音笛、曲笛的长度

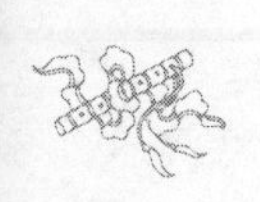

较长，如果选用整根的节距较长的竹子做，不太合适。因为这种长节距的竹，往往都是竹梢头。

接坯要选择竹材的外径、颜色、花纹、圆度等和所接的笛子相似。接尾还要考虑内径、厚度一致。无论是接头还是接尾，都要预先安排在扎线的部位。这样，扎上线，刷上漆后就看不出镶接的地方了。接头可选厚点的材料，顶端和尾端粗细不能太悬殊。否则，大头小尾不好看。整支笛以膜孔为中心，能平衡为宜。总之，符合牢固、平衡、美观的要求即可。

接坯要用强度牢的胶水。上胶时，要将笛头笛身胶直，不能歪。冬天还要掌握温度和胶水干固的时间关系。胶水干固后，可将接口处打磨平整，然后进行涂饰内膛和外层底漆的工艺。

从音质考虑，内膛除了要求光洁外，还需要有一定的硬度要求。有一种叫“铁心竹”的，内膛坚硬，发音很好，很受欢迎。在内膛里使用的涂料，一般有虫胶液、硝基漆、生漆等。在内膛、笛塞面上、缝隙，以及所有音孔壁处，都涂饰一下，可以提高笛箫的音质。在涂饰前，还可在所有孔壁纤维里滴灌“502”胶水，这对防裂很有作用。经过内膛、音孔涂饰后的笛箫，其共振明显改善，气到音出，手指处有麻颤的感觉，演奏家称之为“很通”。

给笛子外表上底漆，通常有本色、黑色等。底漆一般用虫胶液或掺加染料调配而成。待底漆干固，细磨后，再涂饰“硝基漆”或清漆。上底漆前，一定要将笛身磨光，不能留下打磨的痕迹。我曾见过陈建萍师傅漆过的一支笛，光亮得好像包上一层透明的玻璃纸。笛子经过里里外外的涂饰后，竹子和空气就隔绝了，对于保护笛子、改善音色，都有作用。

镶饰是传统的工艺。一支笛箫镶上光洁如玉的骨饰、角饰，更具观赏性。骨饰是用粗壮的牛腿骨车制而成。加工时，还要经过水煮、脱脂、漂白。角饰是用牛角车制而成，还有用玉石制成的玉饰。浙江青田邵志培先生用著名的青田玉石，制成龙笛、凤箫、玉埙、排箫，以及拉弦、弹拨、打击等玉石系列的民族乐器，在国内外引起很大的反响。

笛箫的扎线，自有一定格局。通常用锦纶线来扎线。

现在刷漆大都用硝基枣红漆。过去，扎线使用的是专门定制的蚕丝细弦，并刷生漆（也叫大漆）。生漆的特点是年份越久，漆色越光亮鲜艳，而且不易脱落。生漆因其操作较难，现在不太使用了。刷漆的笔，是特制的“发笔”（女性头发制成）。现在，用油画笔也行。缠线处刷漆不少于三次，漆比线略宽些，以不露底为好。在刷前，可以在线上滴些“502”胶水，使线不易脱落。经过漆饰后的笛子，刻上诗词、调号、署名后，再贴上好的笛膜，仔细地吹奏，鉴别笛子的音准、音色、音量、音域、灵敏度等，进行整体性的调试。装入漂亮的包装袋后，就完成制作了。

六、保养与维修

一支好的笛箫，来之不易，保养得好，可以使用长久。我曾在朋友处见到一支当年江南丝竹前辈蔡子纬先生使用过的平均孔缠线笛。内膛已乌黑，但竹身通体枣红，漆线光亮完好，据说已有一百多年的历史了。

笛箫的损坏主要是保养不当。笛箫应安置在笛袋或笛盒里，避风避晒。吹毕后应擦去内膛水分，以防腐烂与霉变。在北方，冬天干燥季节，可在笛内置一潮湿的“笛胆”，套进密封的尼龙袋套里，可防止开裂。

笛箫的维修原因主要有：

音不准，高音不好吹，音色不理想，开裂，上水，骨饰跌碎，笛头脱落，漆线脱落，铜套损坏等。

音不准，一般有整体偏高，整体偏低。个别音偏高或偏低，八度音宽，八度音窄等。

由于使用者习惯、气息不同，同一支笛箫的音准是会有差异的。

假如一支笛箫整体偏高或偏低，音阶还是准的，没有特殊需要，一般不必修理。

假若某个音偏低，可将该孔朝吹口方向的部位，细心地用小刀或砂纸修去一点，逐渐使音准确。假若某个音偏高，可用黏性填料将该部位填补些。这些都需要有一定的经验才行。八度不准的问题比较麻烦，撇开吹奏的原因，主要与竹子内径不适、内膛不规则有关。

高音不好吹，或不稳定，是内径与音孔的比例不恰当，或是尾巴长短

不当。因此，选择恰当的内径是很重要的。笛子的音色，有主观和客观的标准，各人的要求不同。大体上要求音色统一，发音灵敏、通畅。不同的笛子，也有不同的侧重，低音笛的优势在浑厚苍凉的低音上，而梆笛、小笛要求高音漂亮、穿透性强。

膜孔的位置、形状、大小与笛子的音色、音量很有关系。笛子易开裂，最怕裂在膜孔上。简易的修理是：取一小块薄塑片或赛璐珞片（小学生写字的垫板），先剪成鸽蛋状，用胶水粘牢在开裂的膜孔上，然后在薄片上小心翼翼地重新挖一个膜孔。其他部位开裂，可用胶水掺细竹粉填补。有时，还要将线拆去，补好后再重新扎线、刷漆。笛膜孔上水，可在膜孔壁上涂些油脂、腊质来防水。另外，放置笛子时，应该孔朝上，这样不易形成“水路”。

笛箫的骨饰、玉饰是很脆的，容易跌碎。笛头脱胶、脱落也是常见，可用胶水重新胶合。一般小朋友学笛，不宜用带有骨饰的笛，笛头宁可短些，最好不接头，骨饰和老头，这两处最易为儿童所损坏。

线上的漆时间久了会脱落，可用透明粘贴纸粘缠在线上，不失为保护线漆的好办法。

铜接口处，常抹油剂，不吹时，应拔出放置，否则容易生锈以致不能拔动。铜插松动，可用粗细合适的铁棒，在铜插口内撬压，使铜插涨大一点，接口就会紧配。铜套脱落，可用“502”胶合，不过，手法要快捷，因为“502”瞬间就干，如果慢了，铜套还没复位就粘牢了，比较麻烦。

箫的吹端有节盖（有些不用节盖），不小心弄穿了，可贴上薄片，重新开吹孔。

笛塞松动、漏气，可换一只笛塞。接老头的笛子，笛塞调换困难，可在松动的笛塞处放一点松香，再用烧热的铁棍熨烫，使松香融化渗入破漏处，待松香干固后就可使用。

购买笛箫时，可从材质、音质、工艺几方面考虑。同一种笛箫，假若长短、粗细、厚度、干燥度相仿。手感重的，比重就大，说明竹质坚硬，要观测内径是否圆整，笛身是否匀称、顺直。试音时，笛子可暂时贴上胶布，这样试音时条件均等。如果贴笛膜的话，由于笛膜条件不同，就不容易分出好坏来。选出的笛子，再仔细贴上好笛膜，从音准、音色、音量、音域、灵敏度几个方面去鉴别。经验老到的，一溜笛，便知好歹；经验不足的，吹了老半天，头昏脑涨，还不知挑哪个。再从工艺看，制作是否精细，笛身是否有焦疤、伤痕。要紧的是看看膜孔，大小是否适当，是否有裂缝。其他孔是否光洁，油漆是否光亮，铜接口是否润滑、紧密，等等，这些都要细心检验。

对于好笛，各人有各人的眼光。关羽大刀张飞矛，能称手的就是好。

笛箫制作中的“划线”与“校音”

周林生

笛箫制作中，划线与校音是密不可分的。划线划得好，校音是顺理成章非常省力的（本文谈的划线，指笛箫的指孔定位）。

划线的关键是：

1. 控制粗细规格；2. 掌握升降。

各种调门的笛箫内外径粗细规格是在长期的生产实践中逐步形成的，是行之有效的。尽管可以有一定“伸缩”的余地，但一般控制在 0.5mm 幅度之内。以第三孔“C”笛为例。吹孔部位的外径控制在 26mm 左右，内径在 18mm 左右，基音长度在 380mm 左右。

以此为“出发点”，每隔一个调名，内外径 ±1mm。基音长度以 380 连续 ×/÷1.0595（2 开 12 次方），得出各类调门的基音长度，基本符合制作要求。

粗细“规格”一定要把握得好，不能把可以做 C 笛的去做大 ^{b}B 笛或者做 D 笛。严格把握住粗细规格的要求，划线就水到渠成了。当然粗细规格也不是一成不变的，有常规要求的，有特殊要求的。我这里讲的主要是常规要求的。

选定一支竹料做合适的调门后，开出吹孔，定下基音线，接下来就是划线了（用“线板”划出指孔的位置线）。

用“线板”划线，一般有三种情况：

1. 规格合适的；2. 规格偏粗；3. 规格偏细。

对于合适的，线板的“吹孔线”放置在吹孔下沿处即可。偏粗的要做

“升”的处理，偏细的要做“降”的处理。

“升”或“降”，是划线的关键，一般来说是凭经验而定。即使划线顺当，经开孔试吹后，仍会出现音准误差，这是因为规格测量上的误差及升降失误所致，这就需要进行“校音”。

一般来说，用划线板划线，开孔后，笛箫音准会出现三种情况：

1. 基本准确（升降合适）。

2. “上把位”音偏低（升的幅度不够或降的幅度太过）。

3. “上把位”音偏高（降的幅度不够或升的幅度太过）。

这就需要在音孔上进行修整，并在下一批划线时调整升降的幅度。笛箫的校音方法，各人有各人的工作习惯，没有统一的章法，只要把音弄准就行。

我的方法是：

1. 先校对“中音 5”（全按作 5）。用中等气息平稳地吹出“中音 5”，在调频仪器上观察音准的“读数”。

2. 用同样的气息吹出 5–6– 两个音，注意要用“连音”吹，观察这两个音的“读数”是否一致。

3. 用同样的气息吹出 5–4– 两个音，要用“连音”吹，观察这两个音的“读数”是否一致。

如果 4–5–6– 三个音的“读数”基本一致的话，这把笛箫的六个音孔位置应该就没问题。因为，“4”音在第六孔上，“6”音在第一孔上，这第六孔与第一孔位置定准确的话，中间第二、三、四、五音孔的位置也是准确的。这是划线板的特点，我们只要关注第一孔、第六孔和洞音的关系即可。

箫笛豁裂及预防

周林生

箫笛豁裂，究其原因大致有以下三种。

图 1

1. 竹子本身结构的原因

竹子在干燥脱水过程中，由于竹材弦向、径向收缩的差异，会产生很大的“内应力”，从而使之发生纵向豁裂。因此，竹子要放在通风的室内自然阴干。这样干燥速度缓慢，可以减弱竹子内应力，降低竹子豁裂率。

预防豁裂，一般采用扎线的方法，来“抵制”内应力。在民间，有一种“以豁治豁”的办法，是以消除“内应力”为出发点。简单地说，“以豁治豁”就是将箫笛毛坯人为地精心剖成 2—3 片，再拼合起来制作。需要注意的是，不能用强度大的胶合剂黏合，而只宜用填补缝隙的材料。这样，彼此独立的竹片本身失去了向外的弹性张力，制成箫笛后，涂上底色，再扎线上漆，一般是很难发现人为的缝隙的。我在 1974 年曾用这种方法做过一支笛子，效果不错。

2. 自然损伤

竹子一般要生长 3—5 年才能采伐制笛。在这期间，自然力（风、雨、雪、光）对竹子也会带来损伤。因此在选材时，要将豁裂的和有暗缝的竹子剔去。

3. 加工损伤

首先，竹笛在加工过程中，要经过烘烤、撬直、钻孔等。如果加工不当，也容易造成竹子纤维的损伤，留下豁裂隐患。烘烤要掌握“火候”，尤其在撬直过程中更要小心。一定要等竹子烘烤软熟后再进行扳撬。

其次，撬板的孔洞大小要合适，要平坦光滑，不要有棱角。钻孔的钻头要锋利，进钻速度不要太快。现在都用钻孔机开孔，一次成型，优点是产量高、质量好，缺点是进钻速度太快，容易造成竹纤维损伤。箫笛的豁裂现象大都发生在孔的部位，与钻孔受伤有关。有一种工艺叫“火烫孔”，操作不当也容易造成开裂。铜套加工不慎，接口部位的开裂也是常见的。

有些人受利益驱使，将刚砍下的鲜竹进行烈火烘烤，以求其尽快干燥、尽快制作的方法是不可取的。

在箫笛半成品过程中（尚未油漆前），在音孔内壁竹纤维孔、铜套竹纤维部位，灌滴“502”快瞬胶水，对防裂很有效果。未涂“线漆”前，先在缠线处滴 502，干了以后再涂上线漆，形成一道道的“紧箍”，能有效防止箫笛开裂。

防止箫笛豁裂的方法有很多。如：新购的箫笛，开始不要长时间吹，要慢慢让箫笛适应管内管外温度、湿度的变化；冬天不要在户外寒冷地区吹箫笛；不要让箫笛吹空调、晒太阳或接近高温；干燥季节，可适当在箫笛内滴些水或茶汁，以保持湿度；箫笛不吹了要放进箱、袋收妥，不要随便乱放；等等。

原载《乐器》1987 年第 5 期

洞箫制作工艺

陈华东

一、制箫材料的选择与采集

1. 制箫材料的首选 —— 紫竹

紫竹，禾本科，散生竹。原产于中国，主产于浙、皖、赣三省交界一带。紫竹新竹绿色，以后逐渐转为棕紫色或紫黑色，中国紫竹有两个品种，分别是“当年紫”和“三年紫”。竿一年内变紫为当年紫，竿第二年以后才逐渐变紫为三年紫。因当年紫壁薄、密度低，故不宜制箫，适合制箫的紫竹品种为三年紫。

竹笋在生长时期，需要消耗大量的营养物质，这些营养物质几乎全靠母竹和鞭根系统供给。在土壤肥沃、水分充足的竹林中，竹笋生长快速旺盛，节长而疏（最后形成 6、7 节料）；而在土壤贫瘠干旱的竹林里，或者出笋时间较晚的，竹笋生长缓慢、停滞，甚至败退死亡，即使长成竹子，也是竿短节密（形成九节以上料），利用价值较低。

紫竹竹竿弹性足，花纹美观，相对于其他品种的竹子不易裂，内膛规则，音色浑厚共鸣佳，发声上不易产生八度不准问题，所以千百年来，一直是制作洞箫的首选原料。（图 1）

图 1　紫竹

2. 紫竹的档次

同样是紫竹，制成箫后，无论音色、音准，还是外观花纹等等都存在明显的区别，当然价格也是相差悬殊，于是就有了紫竹原料的档次划分，高档料制成高档箫，低档料制成低档箫。如何区分紫竹的高低档呢？这可以从以下几方面说起：

（1）竹龄　紫竹的竹龄以 4 年为最佳。3 年或者 3 年以下的竹子（嫩竹）属于长笋的母竹，此时砍伐无异于毁林，况且嫩竹在干燥过程中会收缩变形，无法制箫。5 年以上的竹子（老竹）表面有明显的枯斑，在长达两年以上的自然干燥或者制作烤直过程中极易开裂，因此也无法加工制箫，即使有少数不裂的，制成箫后也极易开裂，使用寿命不长。关于竹子生长年龄的判断，只要亲身进入竹林，各种年龄的竹子一一呈现，新竹翠绿枝叶旺、老竹色深枝叶稀。具体来说，一年生的紫竹竿呈绿色，两年生的紫竹竿呈黄色，三年生的紫竹竿有紫斑，四年生的紫竹竿色深外带白霜，五年以上的紫竹竿带枯斑枝叶稀少。通过互相比较，就很好区别。

（2）壁厚与密度　紫竹壁厚以 3.5mm 左右为最佳，太薄，竹竿密度不足（手感较轻），音色单薄发虚；太厚，密度过大（手感较重），音色凝重

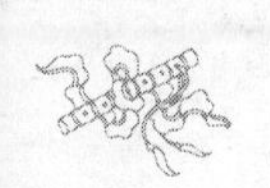

费力，共鸣效果差。土质营养和水分是造成竹壁厚薄的主要原因。

（3）竹节和长度　紫竹的节，指的是竹竿上突起的部位。制作G调箫长800—850mm为宜；F调箫长度在850—900mm，偶尔超过900mm、短于850mm也属正常；E调箫可适当再长些，但最长不应超过1米。整支箫材有6—8个竹节为最佳。长度太长时，箫的重心在下把位以下，头轻脚重，手感很不舒服，久握易疲劳，从而影响吹奏时的心情。6—8节的竹子，在竹笋生长时期营养充足，生长迅速，纤维纹理顺直，密度适中，制成箫后音色醇厚，令人身心愉悦！

至于说到九节箫，往往给人一种凡是九节箫，必定是好箫的感觉。其实，“九”只是中国传统文化中认为比较神圣的一个数字，如“九九归一”“九霄云外”，甚至还有“九阴真经”“九阳神功”等等，中国人有尚九的情结这不假，但运用到制箫中，与优质箫实际上是生搬硬套，关系不大。

综上所述，箫料的档次主要是按密度来划分的，优质料必须是壁厚密度适中，九节料与特别重的料不一定是制箫良材，节多的料，量少价高，制作时费工费力，制成后如音色音准不佳，只能报废。

成品箫销售实践中经常有人指责所用的竹子太嫩、不老等等。这种说法毫无意义。因为制箫所用竹子普遍都是4年龄，太老或太嫩的竹子都不能制箫；太重或太轻的竹子也不适合制箫。

3. 适合制箫的其他竹子品种

全世界有竹子品种2500多种，中国就有250多种，除了紫竹适合制箫以外，尚有桂竹（尺八与南箫常用料）、孟宗竹、湘妃竹、斑竹等经常被用作箫材。制作实践中，应根据自身条件，因地制宜，只要该竹符合箫的形制要求，均可用来制箫。

二、箫材的干燥

竹材采集以后，一般需要两三年的自然干燥处理。自然干燥时，竹材按一定数量扎成捆状。摆放时，底部应适当垫高，便于通风防霉。摆放的房间应位于房屋的地上一层，地下室太潮易发霉，地上二层以上太干燥易致竹材开裂，所以必须放置在地上一层的房间内，注意通风防雨防晒。（图 2）

图 2　紫竹仓库

在长达两三年的自然干燥过程中，应每年不少于两次进行上下翻动，以便干燥均匀。经过两年以上自然干燥后的竹材，就可以进行烤直处理了。

三、箫材的烤直

竹材烤直所用的热源用普通的蜂窝煤炉子即可。（图 3）

图 3　蜂窝煤炉与撬竹板

紫竹烤直要按照先烤竹肚，再烤竹节的步骤进行。烤制竹肚时，要把竹节前后约 10mm 的距离留出，待烤竹节时再烤，否则一次烤过以后第二次再烤就容易烤焦，使竹纤维焦化失去弹性，后果是竹材极易断裂。

竹肚烤热以后迅速放到撬竹板内撬直（图 3）。

整支竹材的竹肚全部烤直后，就可开始烤竹节。烤制竹节应由下到上按顺序一节一节烤直。所用工具还是撬竹板。

烤制过程中，要注意力集中，密切观察火候，火候一到，立即撤离热源。火候一旦过头，竹材就会焦化，俗称烧焦了。反应再慢的，烧起来也很常见。而火候未到提前撤离热源的，则竹竿还未软化，校直便不能成功。竹材的烤直过程是一门手艺，需要多次实践、慢慢积累经验方能熟练掌握。

四、箫材通节与内膛打磨

1. 竹节锉平

竹材烤直以后，就可以通节了。通节使用的工具主要为 10mm 粗的铁棒，因紫竹的端盖较脆，用铁棒稍稍用力一捅就可捅开。捅穿后的竹节处有端盖碎片残留，就需要将竹节处锉平，竹节锉平原理见图 4。

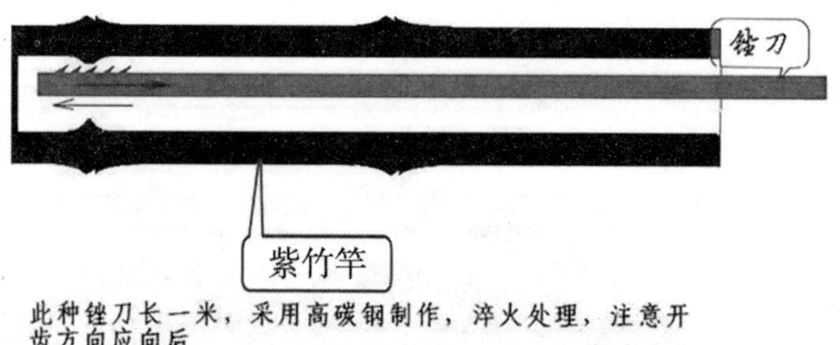

图 4　箫内膛锉削原理图

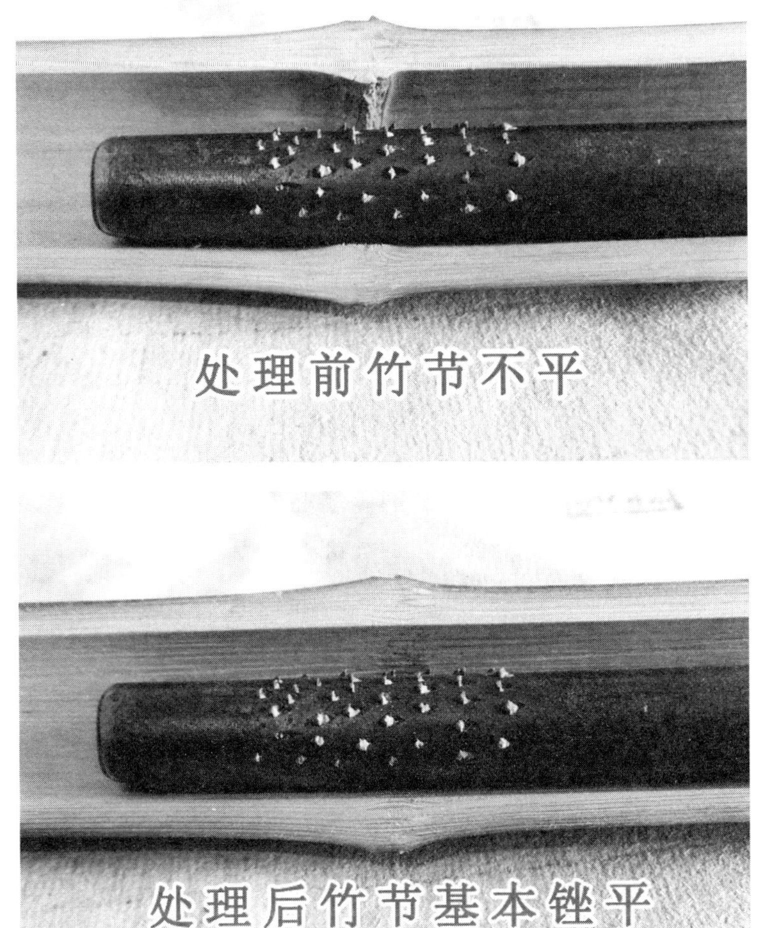

图5　竹节锉平原理

2.“竹竿主动法”内膛打磨新方法

内膛竹节锉平后，就可以进行内膛打磨了。因内膛竹节锉平后，还有局部不平以及竹壁上有竹膜，这些就需要进一步打磨。内膛打磨有很多方法，这里介绍一种安全、高效的新方法——竹竿主动法。

竹竿主动法就是竹竿相对固定并作旋转，磨棒进入竹竿内膛进行辅助打磨的一种方法。需要用到的设备和工具主要有双卡盘式车床（图6）和快速可换砂纸磨棒。

图6　双卡盘式车床

烤直通膛后的竹竿在双卡盘式车床上固定以后，竹竿就可以在稳稳的固定之下高速旋转了，此时，磨棒就可卷上砂纸准备进入竹竿内膛了。（图7）

图7　内膛磨棒

使用磨棒时，必须要保证砂纸的卷起方向与竹竿旋转方向一致，这样磨棒进入竹竿内膛时，砂纸才会紧紧卷住磨棒而不脱落。

五、开吹口工艺

箫的吹口可分两步完成，第一步：粗开吹口。第二步 ：细修吹口。下面分别描述。

1. 粗开吹口

因紫竹表皮较硬，所以粗开吹口可使用机械设备，主要用到的设备有钻床和铣吹口专用铣刀。这里介绍一种特殊的钻床——钻铣床。（图 8）

图 8　钻铣床

这是一种特殊的钻床，它与普通钻床的区别主要是主轴往下钻孔时可以很方便地固定住，并且工作台可以做横向或纵向移动。这样，就可以很方便地进行吹口粗加工作业了。（图 9）

图 9　铣吹口

吹口的铣制作业还需用到一种特殊的钻头——左旋下排屑专用钻头，这种钻头的结构原理见图 10。

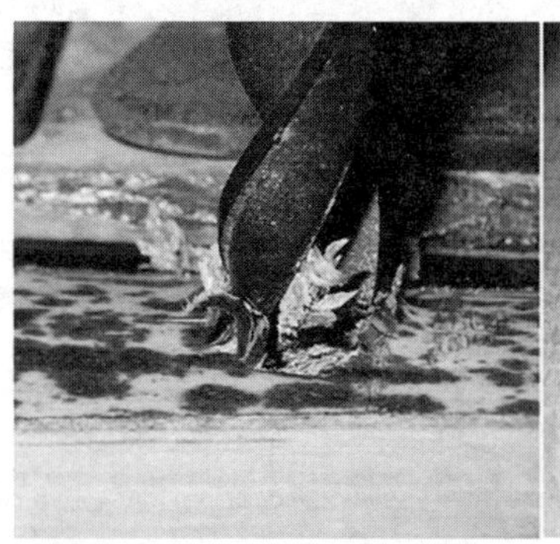

左图为普通钻头，普通钻头侧切削刃为右旋，右旋的钻头工作时切屑是向上排的，右旋的侧刃会在进入竹管的一霎间把竹皮向上带起，从而撕裂竹皮

右图为竹子专用钻头，钻头的侧刃巧妙地设计成左旋，左旋的钻头工作时，切屑是向下排的，钻头在进入竹子的一霎间把竹皮按住，就不会撕裂竹皮

图 10　竹子钻孔专用钻头（竹孔钻）的结构原理

2. 精修吹口

吹口粗加工完成以后就可以精修吹口了。精修吹口所用的工具一般为

调音修孔刀。根据个人的吹奏习惯修出上小下大的梯形吹口。(图 11)

图 11　精修吹口

六、定调与调音

箫材经选料、烤直、打磨内膛、开吹口以后，就可以定调和调音了。定调的过程其实也是调音，所以定调与调音放在一起来描述。

初学制箫，可以拿一支成品箫来作比较，即自己手中已经在用的成品箫。以 F 调箫为例，首先测量成品箫的基音孔与吹口之间的距离，假如长度是 600mm，那么在 600mm 的基础上加 25—30mm，在 625mm 或者 630mm 处打两个孔作为助音孔。用仪器测出助音孔的频率，根据助音孔的频率推算出基音孔的正确位置，打两个小孔，试吹，如果音准太低，则向上挖孔；如果音准低得不多或者音准到位，则向下挖孔。问题是：如果音准太高了怎么办？基音孔音准太高，最有效的办法是将基音孔用胶水堵住，在堵住的原孔下方适当的位置再重新打一孔，用以上的方法把基音调准。

基音孔调准以后，就可以开打音孔了，先量出基音孔与吹口的距离，

以这个距离作为标准，乘以各个比例，计算出各个音孔与吹口之间的距离。按以上比例算好各音孔的距离然后在竹竿上标记出各孔位置。开孔的顺序是先开第一孔，试吹，测频率，调音方法同上。然后就是第二孔、第三孔……

初学制箫，往往会发现，实际音孔的位置与理论计算出来的音孔位置不一致，有一个误差，这个误差就是修正值。最理想的当然是事先知道修正值，然后用理论数据直接减掉（或增加），这样打出来的孔一打一个准，多好！只要功夫深，铁棒磨成针！要想准确掌握修正值，必须要经过长期的实践，慢慢积累经验，功到自然成。要多实践多动脑，想通了，制箫就能成功了。

【作者简介】

陈华东，男，师承周林生先生。1972年生，塑料挤出机技师，曾长期在中国著名塑料机械制造公司供职，后任芜湖职业技术学院校企合作班班主任三年。几十年如一日痴心钻研洞箫演奏与制作技术。因对中国洞箫制作工艺有独到的见解与创新，得到中国笛箫制作大师周林生先生的赏识，于2012年被周林生先生收为入室弟子。制作的洞箫、琴被众多演奏家收藏。

大漆在笛箫制作中的运用

万　强

大漆，从漆树直接割取的天然漆树汁液，又名生漆、土漆、国漆。世界上最早的漆器实物，是在浙江余姚河姆渡遗址发现的，这一发现标志着中国先民认识和使用天然生漆的历史可追溯到7000多年前（和中国笛子的历史差不多久远），它有着“涂料之王”的美誉。（图1）

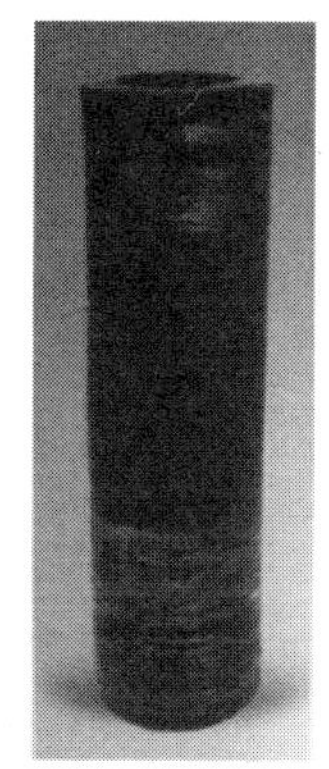

图1　浙江余姚河姆渡遗址出土：朱漆木碗和缠藤篾朱漆木桶（浙江省博物馆藏）

一、大漆的基本特性

1. 大漆是在漆树上破皮取汁而得，是非常天然、环保、安全的涂料。

2. 漆汁的颜色具有多样的变化性。采取时为乳白色，接触空气后会慢慢变成黄色、棕色、褐色至黑色。

3. 大漆可反复涂擦，根据涂擦的次数不同会有不同的色泽变化。具有很强的艺术处理特性。

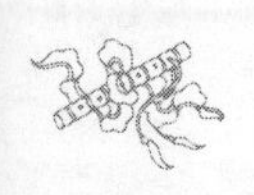

4. 大漆的干燥过程需要有一定的湿度和温度。温暖湿润的环境干燥快，干燥低温的环境干燥慢，这有别于化工漆的干燥过程。

5. 大漆固化后形成的漆膜具有抗菌、抗氧、耐磨、抗压特性；具有较好的热力学稳定性；具有抗溶剂性。

6. 大漆虽然是天然的植物漆，但在没有完全固化以前，部分人对其会有过敏反应，会起漆疹，甚至有的人闻到气味也会过敏，一般七天左右会痊愈。大漆在固化形成漆膜以后是很安全、稳定的。（相关的防治措施可参阅专业资料）

原生漆采回后需要通过过滤、搅拌脱水、晾晒、调制（加入油坯：如熟桐油）等程序精制成熟漆，不同的精制方法也会有不同的特性和用途。成品的精制生漆的大致分类有：提光漆、推光漆、透明漆、彩漆等。生漆经过精制以后，结合不同的涂擦方法，以达到不同的效果，我们可根据需要选择合适的品类。

在笛箫上涂漆，可选用提光漆和透明推光漆，可以更好地保留竹子的纤维纹理。在笛箫上擦涂大漆一般放在制作的最后一道工序，在做涂漆前，要进行精细的打磨，打磨的砂纸可从 180、600、800、2000 目依次打磨，这样能以较少的涂擦次数达到想要的效果。（图 2）

图 2

打磨好后需要再次校对笛箫的音准，以确保不再因音准的问题返工。然后通过涂擦的方式使漆在笛箫上形成一层漆膜，大漆的漆膜坚硬并有很好的弹性，对笛箫的声音、共鸣和稳定性有一定的改善，能起到防霉、防裂、抗菌、防腐的作用，也便于后期的保养、把玩，延长了使用寿命，提高了笛箫品质。

二、需要准备的工具和材料

精制透明漆、松节油、滤布或滤纸、棉布签、无尘布、棉布刷杆、手套、调漆盘、纸巾等。（图 3）

图 3

三、操作程序

1. 滤漆

根据用量裁剪适合大小的滤纸，平摊在调漆盘上，放入适量的漆，如需稀释可滴入适量的松节油。然后左右手卷起滤纸两端，分别以正反方向搓捻，使漆液滤出。（图 4、图 5）

图 4

图 5

注意：涂擦内径的漆不宜太稠，以免涂擦不均匀。

图 6

2. 涂漆

（1）内膛涂擦：用棉布刷蘸漆，自上而下单方向涂擦，漆量不宜过多，也不宜太厚，好的精制漆，漆酚浓度较大，需要加入适量松节油稀释。最好不要使用毛刷直接涂刷，那样会出现“流漆”而导致厚薄不均匀或漆膜起皱的现象。（图 7、图 8）

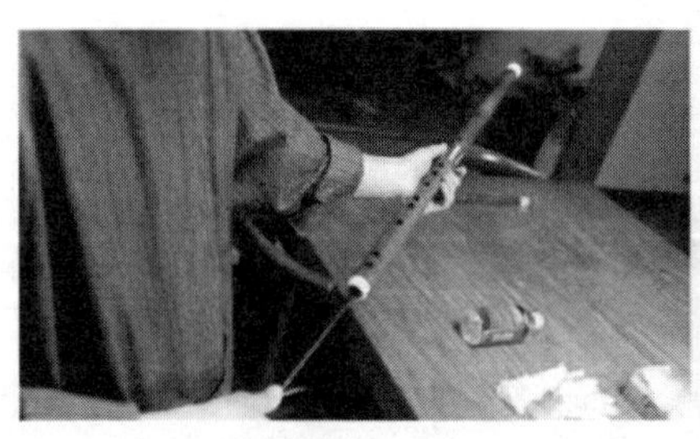

图 7

图 8

（2）涂孔：涂孔时用棉布棒从孔内向孔外进行涂抹，这样不会破坏内壁漆的平整性，尽量不要让棉签伸入太多致使漆流进内腔，涂完后，孔外沿如有涂漆痕迹要及时用无尘布擦掉，生漆的涂擦一定小心谨慎，一旦漆膜形成，干燥后就无法溶解，只能用砂纸打掉，重新上漆。（图 9、图 10）

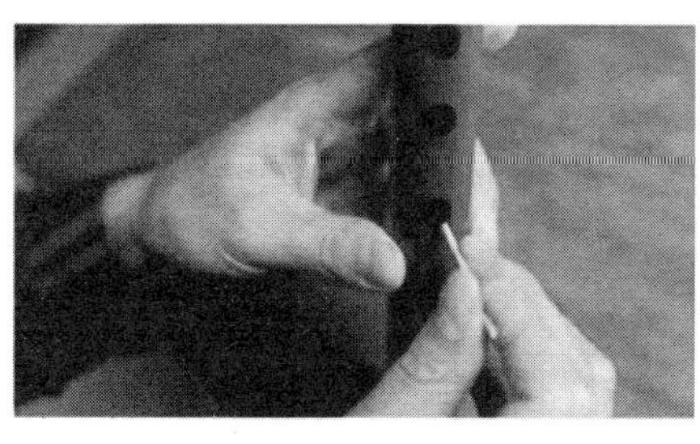
图 9

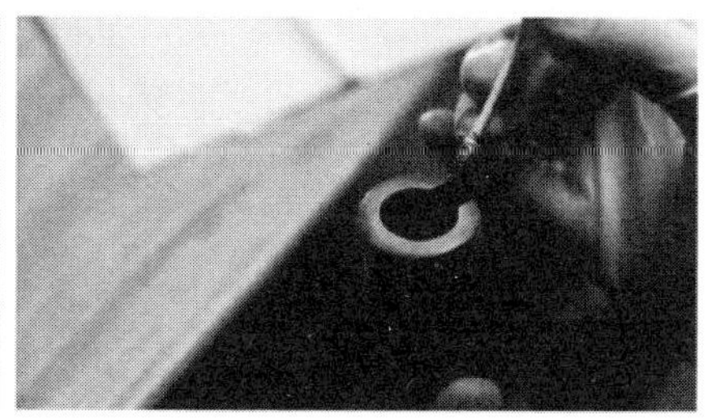
图 10

（3）外壁推漆：左手握持笛箫，右手食指压住对折后的无尘布蘸漆单方向推擦至均匀，推过后的地方不要局部触碰，以免留痕影响效果。在涂擦开孔部位的外壁时按压力度不宜太大，以免无尘布经过孔沿因力度过大而挑起竹皮。（图 11、图 12）

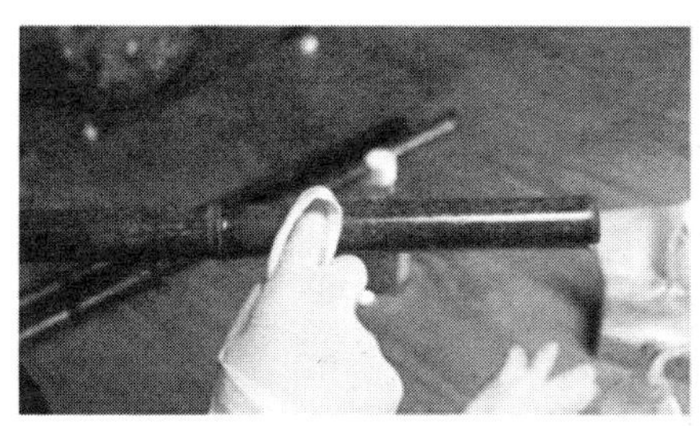
图 11

图 12

3. 用具清洗

大漆不能像清洗其他污渍一样用水洗，可用纸巾蘸煤油、汽油或松节油反复擦至清洁，也可以用植物油（如：菜油、花生油等）来浸泡漆刷，以便二次使用。

4. 推擦完的笛箫放置环境

生漆的干燥需要一个温润潮湿的环境，可准备一个荫室，大小可根据需要，也可以定制一个大小合适的木柜或其他箱体，要能够较好地控制湿度和温度，也要做好防尘。还得制作一个适合放置笛箫的放置架，搁置架的支点位置以不触碰大漆涂擦过的表面即可，在搁置架的下方可设置水池或水盆等，以提高湿润度，水不宜搁置太久，需要定期更换，变质的水

会使漆膜表面新生霉菌，影响漆膜的质量，也会影响色泽。环境的温度一般为25℃—30℃，湿度为75%—85%。春夏秋三个季节很多地方自然环境就可以达到，冬季要进行加热，可用浴霸或白炽灯给荫室或荫箱加热，15℃—20℃即可，通过简易的加热手段不宜温度过高，以免因受热不均导致笛箫开裂等新的问题。

5. 多次的打磨上漆

生漆经过多次的打磨上漆会有更好的效果，反复次数越多手感越好，色泽和润度越好。竹制笛箫不同于其他材质，因竹纤维的密度不均的关系，可根据音色的需求或外观的要求进行反复打磨再上漆，重复以上步骤操作即可。但单次的涂擦不宜太厚，这样能更好地保留竹子的纤维纹理和竹子本身的音质，又能获得更加细腻的手感。（图13、图14）

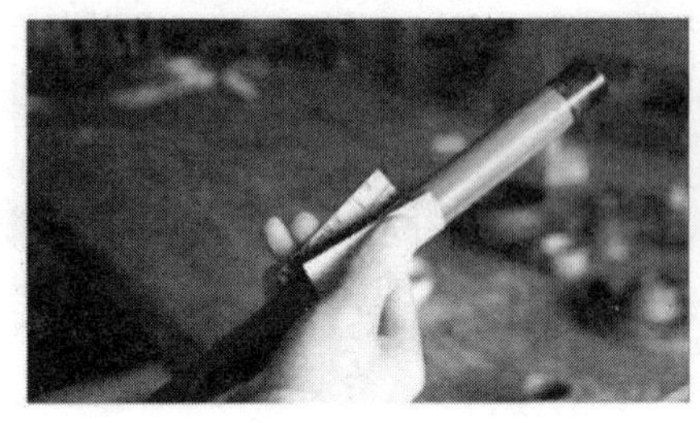

图13

图14

注：后期的打磨砂纸要够细，最好用在2000目以上的砂纸或砂纸背面进行打磨。

6. 生漆填补笛箫内径

天然生长的竹材，总是不能按照制作者需要的完美尺寸生长，但可以通过内径的打磨或填补来获得我们需要的声音、音准和共鸣。其中的填补内径，我们可以通过生漆加砥石粉或其他黏土调配后来填补内径，具体操作步骤可参阅“内径调修篇”相关内容。

7. 大漆在笛箫中的其他应用

大漆（图15）具有很强的塑造性，可用大漆中的精制色漆进行外观的颜色处理；可用画笔画出精美的图案；可与其他装饰性材料配合运用做材料装饰；可配合金粉、金箔做金缮，填补裂缝等。大漆和笛箫的结合是非常有意思的，大漆有沉静、温润、静穆、包容、大气的个性，只要你有丰富的艺术创造力和足够的时间，便可使用大漆在笛箫上创造出更多的可能。

图 15

注：大漆也被称为国漆，它可使这具有中国特色的笛箫乐器更为“中国”。

最后，大漆来得不容易，做得不容易，能用到也不容易！请大家珍惜资源。

【作者简介】

万强，著名笛箫制作师，陕西省竹笛专业委员会常务理事，中国排箫研究会理事，先后师从著名笛子演奏家马迪先生，笛箫制作家周林生先生，台湾尺八演奏家蔡鸿文先生。万强博闻好学，不断探索，在笛箫制作上频频出新！其笛箫作品以很好的音准、雅致的外观深得大家喜爱！由其创办的陕西涤心文化艺术传播有限公司以“涤心”为理念，成立涤心工坊、涤心私塾、涤心雅集，以各种形式承传和推广笛箫、尺八文化。

丁一明谈彩笛

丁一明

图 1

竹笛是我国古老的民族吹奏乐器之一，已有几千年的历史，是我国各族人民最喜爱的乐器之一。

竹笛艺术日趋完善，运用范围也随之不断扩展，通过老一辈竹笛大师和新一代笛子演奏家的继承、开拓、创新，使其演奏技巧、曲目创作和表演艺术方向，都达到了前所未有的高度。但是在几千年的竹笛发展过程中，如何将吹奏的实用性和美观性更好地结合，真正做到“赏心、悦耳、动目”，成了一个难以突破的关键点。

杭州“我韵”笛箫厂的创办人丁一明，经过十余年的学习与钻研，独创彩笛工艺，因其款式新颖、种类多样，极富舞台效果，一经推出就引起了市场的热捧。“双鱼戏水”“金龙腾云”等系列更是获得多项国家外观专利!

接下来让我们通过其中具有代表性的青花瓷笛，来了解复杂的彩笛工艺背后的具体步骤。

（1）处理基层：用刮刀将竹子表面的灰尘、胶迹刮干净，注意不要刮出毛刺。

（2）封底漆：在油漆前刷一道清漆，要求涂刷均匀，不能漏刷。

（3）磨砂纸：将打磨层磨光，顺竹笛纹打磨，先磨线后磨四口平面。

（4）基层着色、修补：饰面基层着色依据规定的油漆颜色确定。

（5）青花纹案描绘：通过专业模板进行图案绘制。

（6）刷油色：涂刷动作要快，顺纹路涂刷，收刷、理油时都要轻快，不可留下接头刷痕，每个刷面要一次刷好，不可留有接头，涂刷后要求颜色一致、不盖纹路。

（7）刷清漆：刷法与刷油色相同，并应使用已磨出口的旧刷子。动作要敏捷，多刷多理，涂刷饱满、不流不坠、光亮均匀。涂刷后一道油漆前油漆干后局部磨平并湿布擦净。接着刷下一道油漆，再用水砂纸磨光、磨平，磨后擦净，重复三遍，要求做到漆膜厚度均匀，棱角、阴角等要打磨到位。

（8）最后放在阴凉处通风晾干。

图2

（9）彩笛工艺部分完成，接下来继续调音刻字等步骤，完成一根竹笛。

【作者简介】

丁一明，男，师承周林生。杭州余杭中泰铜岭桥“我韵”乐器厂厂长。其制作的笛箫深受用户喜爱，尤其是研制开发成功的特色产品——高级工艺彩笛，获得国家专利。2015 年成功打造出自己的线上品牌——“笛e 家文化传媒”，将乐器生产、批发、零售和乐器培训合为一体。

李西谈“膜孔与声音的状态”

李　西

图 1

竹笛截天然竹子钻孔而成。因此影响声音的因素有很多，当然每个孔对竹笛的声音都有影响。在此，我想就膜孔的大小、形状、位置三个方面对竹笛声音的影响，谈谈我的看法。

世界上各国各民族的笛子中，唯有中国竹笛有笛膜，所以中国竹笛具有甜美脆亮的民族特色。

膜孔的形状，我见到过圆形孔、椭圆形孔、扁圆形孔等。圆形孔的中间是大肚子，贴膜的中间距离大拉力小，两端距离小拉力大，振动不够均匀和充分。椭圆形孔中间到两端的过渡自然，距离差缩小。笛膜皱纹细腻受力均匀，振动充分。扁圆形孔是在椭圆形孔的基础上又瘦长一些。具有椭圆形孔的特点，而且皱纹更多了，增加了音量和亮度。

膜孔的大小更是不一。有的膜孔大如吹孔，有的膜孔如指孔，还有的膜孔小于指孔，等等。膜孔大音量就大，但是也容易暴露问题。1. 笛膜拉得紧声音干涩发闷，松了声音尖亮发散。2. 膜孔越大笛膜直径增大，因此笛膜的松紧度对音准的影响就放大。笛膜紧音准偏高 5—10 个音分，笛膜松则偏低 5—10 个音分。3. 膜孔越大音量增大，但是杂音也放大了。张力增大，但是声音太直缺乏弹性。膜孔缩小有以下特点。1. 笛膜松紧度好控

制，音色明亮甜美。2. 笛膜宽度变小，笛膜松紧度对音准影响缩小可忽略不计。3. 竹笛因为有笛膜，音量已经增大了，我认为笛膜只是助声，是为了竹笛本身的振动更加充分，增加明亮甜美的民族特色，不能一味地增加音量。

膜孔的位置有在吹孔与第六孔的二分之一处，有偏吹孔一点的，有偏第六孔一点的。今天制作几把竹笛试了试，惊奇地发现：1. 偏吹孔方向一点，声音柔和甜美，偏第六孔方向一点，声音更加明亮且音量也增大了。2. 偏吹孔方向一点，低中高音发音灵敏，低音不失浑厚，高音更加漂亮了。偏第六孔方向一点，低音更加浑厚了，但是高音不够理想，甚至高音会没有了。3. 若接铜套的竹笛，还要考虑一下接铜的位置是在膜孔上还是膜孔下。因为接铜的竹笛一般偏高，演奏时需要拔出一些。

竹笛跟人一样，有生命，有灵性，更有个性。得到一支适合自己的竹笛不易呀！一切皆因笛缘。

【作者简介】

李西，字方硕。中国巴乌葫芦丝学会会员，中国竹笛学会会员，洛阳音乐家协会理事，洛阳竹笛学会秘书长，洛阳市巴乌葫芦丝学会副会长，洛阳市笛乐艺术研究会会长。

2003 年荣获首届洛阳民族器乐大赛金奖，2009 年获聘农校街小学艺术辅导教师，2014 年以来陆续获聘唐宫西路小学、道北路小学、春晴路小学、芳华路小学、雷河小学、白马小学、托二中学等艺术辅导老师，2012 年荣获第九届未来之星全国特长生文化艺术周最佳园丁奖，2013 年获聘中国音乐教育学会河南考级中心考官。

2005 年毕业于洛阳师范学院音乐系，2007 年师从于北派竹笛传人刘含有教授。2014 年 7 月被竹笛教育家、演奏家、制笛大师周林生收为弟子。勤于习练，苦学不辍，形成了自己粗犷豪情、热烈奔放的演奏风格。致力于民族音乐传承，立足笛乐艺术普及教育工作，融竹笛制作、演奏、教学为一体。

吴继红谈玉屏箫笛雕刻

吴继红

一、构图

图 1

玉屏箫笛的雕刻属于竹刻，其构图在中国诸类竹刻中具有十分独特之处。

箫笛是条形，它的构图，根据中国画的构图法也只能是条幅。所以在创作与构思中，对于空间、时间、装饰对象、表现主题等方面，都要考虑所受到的客观条件的严格限制。创作者得在“内容适应形式”的基础上完成“内容决定形式”的重要任务，做到通过雕刻的线条以达到动与静的统一，变化与固定的统一，造型变向与大胆夸张的统一。

1. 龙凤构图

龙凤是我国劳动人民经过漫长的历史时期，在艺术上用夸张、浪漫手法塑造出来的艺术形象。

（1）箫笛上的龙的形象是：虎头、虎牙、鱼眼、鳄鱼嘴、狮鬓、鹿角、长蛇身、鱼脊、马尾、龙鹰爪，构成整个龙的形象。

（2）箫笛上的凤的形象是：综合几种鸟类而成——锦鸡嘴、孔雀头、美女眼、鸳鸯身、原鸡尾、白鹤脚，构成凤的形象。

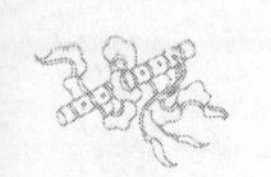

构成特点是：采用对称形式，装饰性强。用朵状积云陪衬，龙身时隐时现，气势磅礴，把狭窄画面退出深远辽阔的视野，使之有空间感。

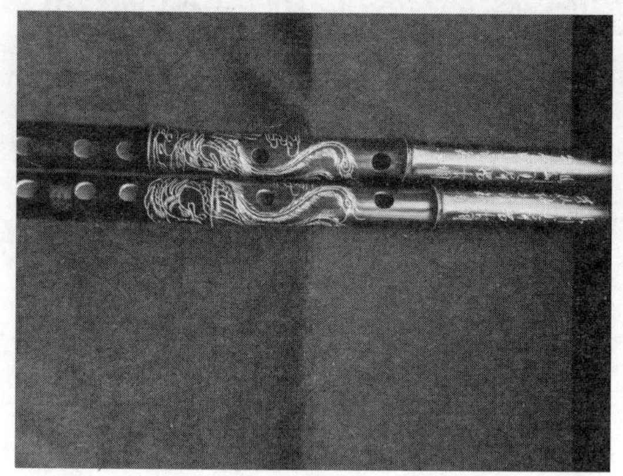

图 2

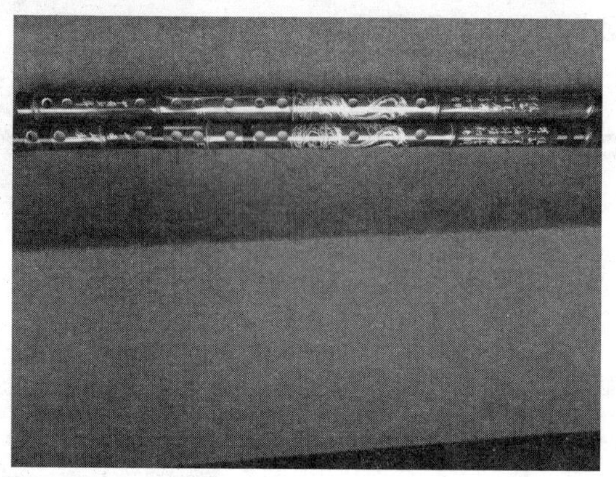

图 3

2. 山水构图

山的布局是：层次渐进，有曲折回旋之处，又能看到全貌。起伏转折，迂回激荡，舒展关联，山雄水秀，虚实相称，动静相依，意境深邃，变化丰富。

箫笛山水画的表面，主要是高远、深远和平远。高远就是站在视平线上，将景象层次往上推，呈仰视构图，使人看了有山势巍峨或天水一色之感；深远则是站在视平线以上，把景物层次往下推，呈俯视构图，景物层次分明、起伏，有深邃莫测之感；平远则是站在视平线同等高度，把景物往前推，显得舒展开阔，有浩瀚之感。三者当中，尤以深远为箫笛山水画的最佳表现形式。

山水画的特点是：山本静水流则动，石本顽树活则灵。

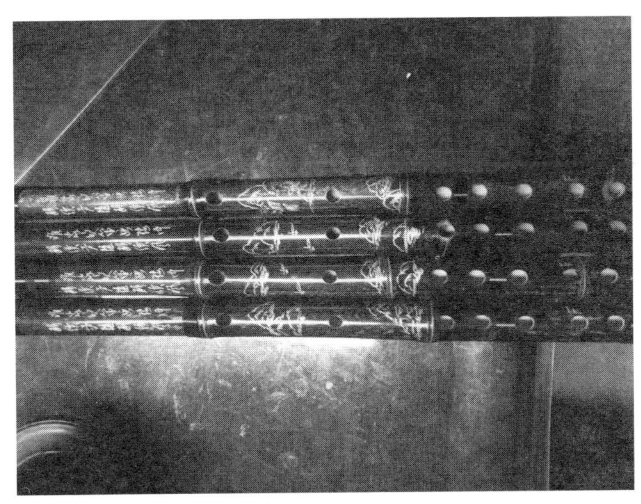

图 4

3. 花鸟构图

主要采取国画中的“剪枝”构图法：只取其中一部分表现整体神态，以点定画，而意在其中。

图 5

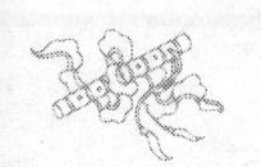

二、刻技

1. 玉屏箫笛雕刻工具

分单刀（一面刃），双刀（两面刃）两种。用途：单刀刻字，双刀刻字图案。脱墨用来脱底样。

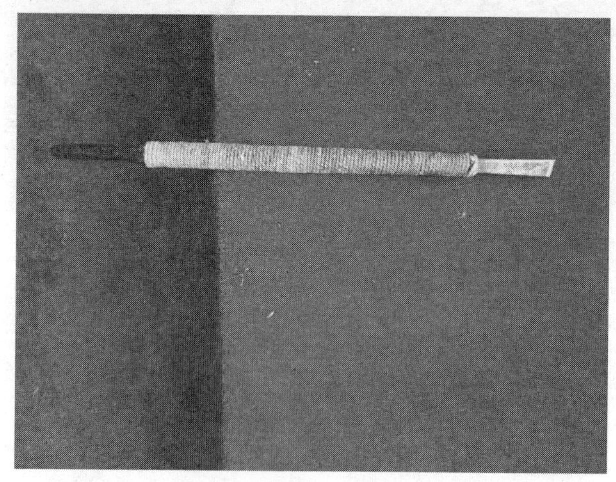

图6 单刀

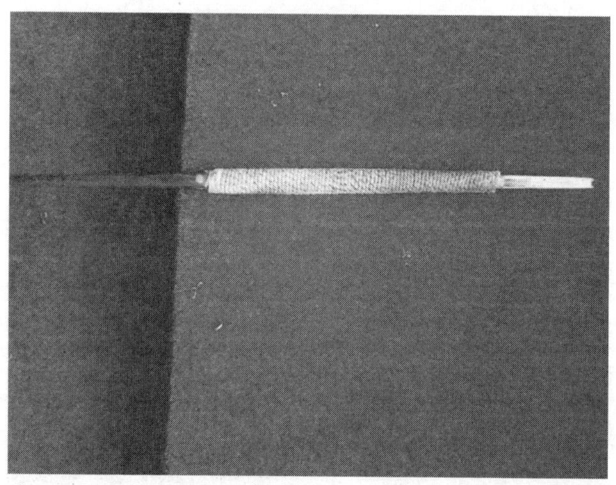

图7 双刀

2. 玉屏箫笛的书法雕刻工艺

玉屏箫笛雕刻与我国历代碑刻一样，属于阴刻（凹刻），借鉴碑刻法，分两次刻成功，第一次顺笔划刻其下、右方，第二次逆笔划刻其上、左方。凹刻笔划呈锥形槽沟，笔划沟锥形底部，夹角为 60° — 70° ，沟底显示出字的骨力，沟面体现字的笔锋。

图 8

（1）单刀的刀法

玉屏箫笛的单刀刀法，是将我国传统书法的规律加以归纳，借鉴毛笔字的特点、笔画的分类，用雕刀在箫笛上表现出来，而不失其毛笔书法的特点。

刀法的表现形式，按笛子的竖纤维分为竖刀和横刀两种。按字体的上下分为顺刀和逆刀两种。而以笛身与字结合，则分为竖顺、竖逆、横顺、横逆、斜顺、斜逆六种刀法。

综合毛笔字的二十四种笔画，归纳出玉屏箫笛传统雕刻刀法的基本法则就是“永字八法”：捌、戮、划、剔、凿、挑、剜、拓。“永字八法”是刻字首先须训练的基本功，它的笔画几乎包括了所有刀法，练好了“永字八法”，也就会刻一般的汉字了。进而掌握行、草书刻法要领，就算掌握了刻字的全部技术。

箫笛上的大字有篆、隶书两种。一般篆书是箫笛上用来作大头字，刻实心字，笔力深重，给人以稳实苍劲之感。一般隶书作大头字皆刻成空心字，而雕以竖纹衬底，显得清新朴素，给人以优雅别致之感。

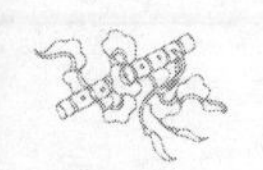

箫笛上的细字多用行书或草书，雕刻一般以行书夹草书，刻中国古诗词，书写流利，笔法轻重缓急，抑扬顿挫，有时如倾泻瀑布，有时如淙淙泉水，有时如潆洄山溪，有时如一泓平湖，笔画变化丰富，生龙活虎。

（2）双刀的刀法

双刀的刀法与单刀基本一样，不同的是：单刀有滑、回之分，二者兼用方成，而双刀则无滑回之分，皆一刀而成。另外，双刀是专用于刻图案的，所以它像画国画的毛笔一样，运用自如，横竖顺逆，放荡不羁。各种刀法可迅速连续刻划，对树叶、苔藓、可任意点缀。

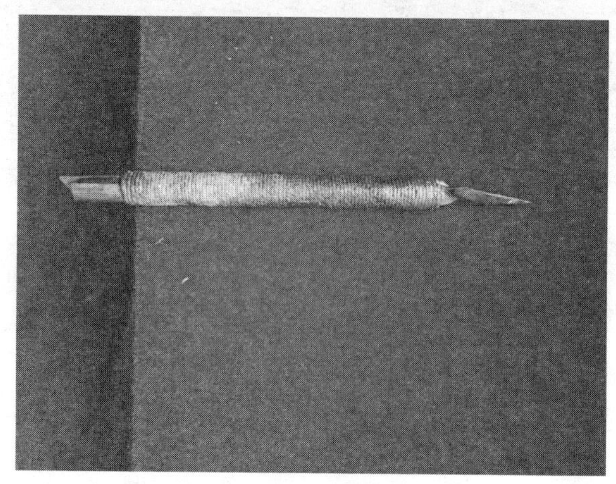

图9　绞刀

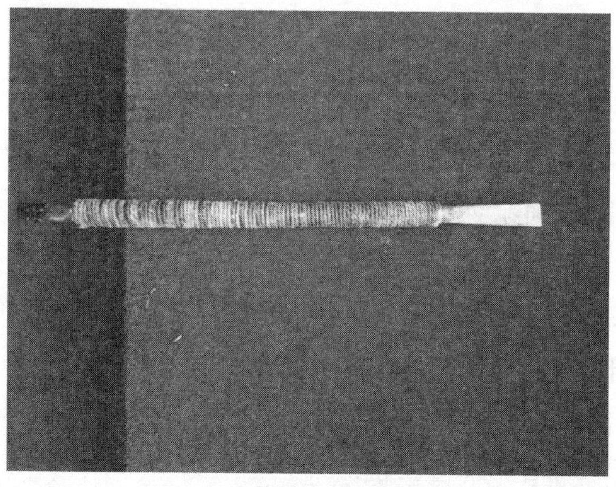

图10　平刀

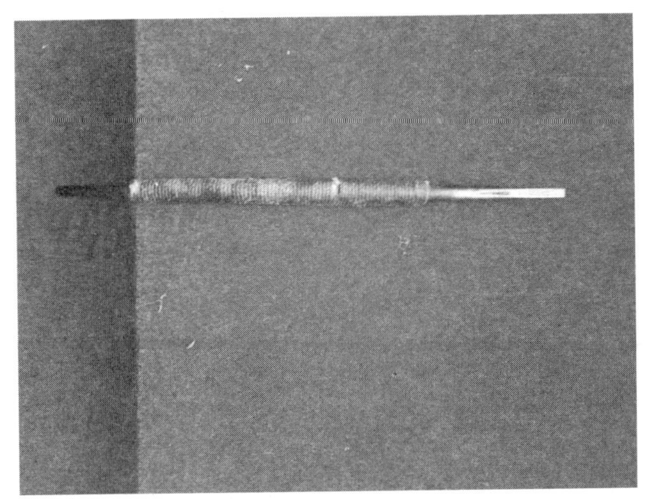

图 11　微刻刀

三、玉屏箫笛的山水雕刻工艺

1. 箫笛竹刻的白描：多用在黑竹的图案雕刻上，用纤细均匀的刀法，细致地刻划出来，涂上白色或烫金，显得别致、秀丽。

2. 箫笛竹刻的工笔：多用在黑竹上，用细线条刀法，工整地刻图案，刀法严谨，一丝不苟，图案清楚、雅致、庄重，此刀法易体现工匠的匠心。

3. 箫笛竹刻的勾勒：是纤细线条夹杂粗犷有力的线条，使构图粗细得宜，刚柔相济。刀法流畅与顿挫、圆滑与毛糙，变化丰富，立意新颖。此刀法适合雕刻龙凤，写意山水，显得主次分明、形象突出，背景烘托与景物陪衬相应收到好的效果。气氛的渲染，优雅抒情、丰满朴茂，此刀法为装饰性的构图体现了优美的规律。

4. 箫笛竹刻的写意：多用在山水画上，胸有成竹，下刀大胆，寥寥几笔，一挥而就，点染得当，情景交融。

5. 箫笛竹刻的重叠法：在描绘远景丛林、近景松枝等，采用国画中的重叠笔法，表现出这种平涂、混涂，纵横交错的重叠手法，显示出混而清新、杂而不乱、层次分明的严谨刀法。

6. 箫笛竹刻上的“空白”：箫笛上的竹刻，同国画一样，特别讲究“空白”。“空白”是中国画中最重要的一种表现手法，同时也是箫笛竹刻的山水画中必不可少的一种表现手法，竹刻山水画面要有一个较大的空间给主体有活动自由的余地，有了“空白”，才有呼应。这“空白”通过山水趋势来表达。那辽阔无际的视野，深邃莫测的苍穹，水天一色的朦胧景象，皆由这“空白”手法自然地烘托出来。

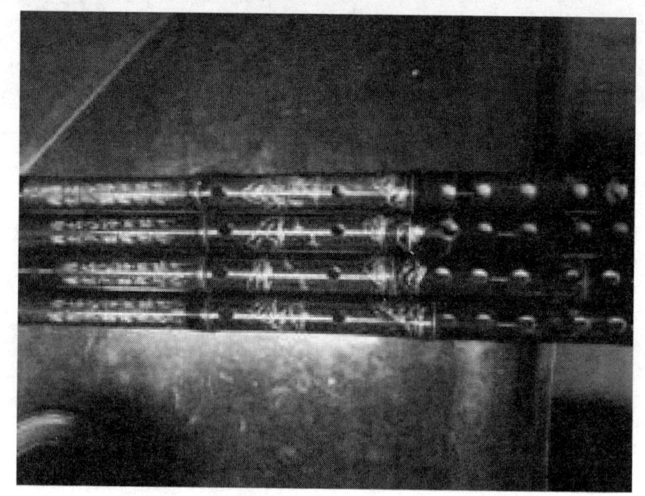

图 12

四、竹刻山水的特点

1. 景象高低层次分明，大小得宜，很好地展示出了空间。
2. 山势连绵起伏，布势得当，显得生气勃勃。
3. 水的来龙去脉，有源有流，交递清楚。
4. 布局富有变化，平远迂回，奇峰险壑，气势不凡。
5. 路的出入，穿针引线，有藏有露。
6. 楼阁亭台，时隐时现，有条有理，景物安排得当，活跃画面。
7. 滃淡得宜，景物的远近、光影的深浅浓淡表现有分寸。

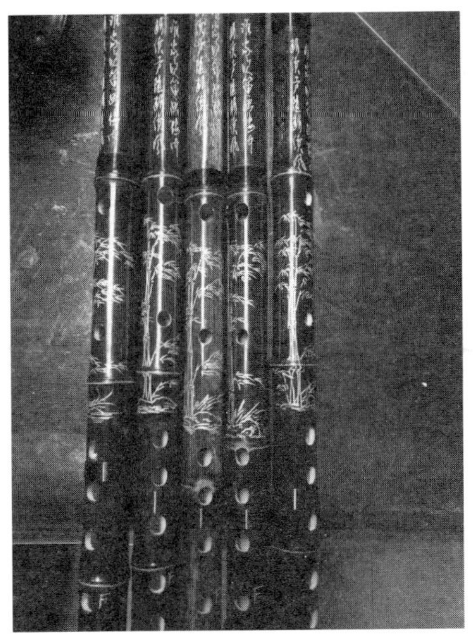

图 13

五、玉屏箫笛的龙凤雕刻工艺

玉屏箫笛竹刻龙凤，以宫廷檐廊雕刻的龙凤为画谱，汲取古刹寺院影壁龙凤的艺术营养，设计出箫笛上的龙凤形象，精致刻划龙头，细腻描绘凤尾，得其“龙头凤尾”之佳称。

1. 龙的形象刻划：威武凶猛，腾飞的龙有气势，盘停的龙有威望。竖鬓仰角，血盆大口，张牙舞爪，耸身甩尾，有排山倒海之势，有吞噬日月之状。刻划龙头、龙爪的线条粗犷，刚劲有力，而刻划身上鬓毛、龙尾则线条流畅圆滑。

2. 凤的刻划：飞姿翩翩起舞、婀娜多姿，站姿玉立亭亭、姿影婆娑。刀法柔和含蓄，流利畅快。

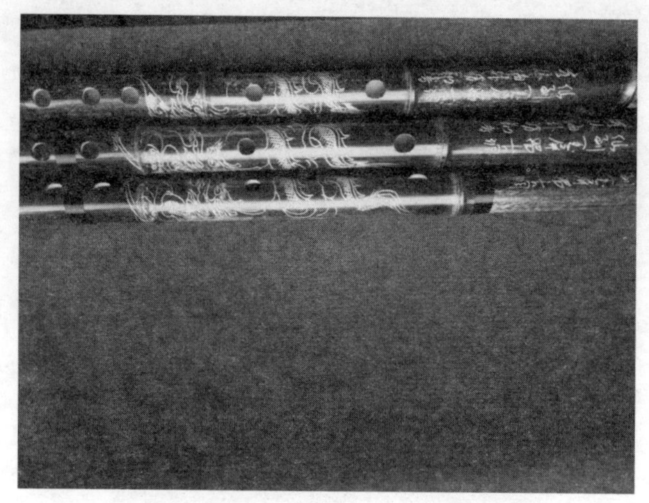

图 14

六、玉屏箫笛的花鸟雕刻工艺

箫笛花卉，皆以勾勒刀法，点缀其芯，花瓣绽开，气脉贯串枝干，花朵参差向背不同，各自悠畅，枝叶繁茂，疏密交错而不紊乱，绿叶托红花，花叶相互掩映，于中点缀蜂蝶草虫，寻艳采香，刀法神妙。

1. 刻枝法：起刀如布棋法，以得势为先，气象生动，刻枝梗，草本刀纤细，木本则苍老。枝分上插、下垂、横倚三势，交插回折，前后粗细，偃仰纵横。

2. 刻花法：花分花苞与朵花，丛集而不雷同，偃仰得宜，顾盼生情，反正互见，映带得趣，颇饶风韵，刀法传神。

3. 刻叶法：花枝的承接，在于叶势，娇红掩映，重绿交加，花朵怒放，则有反叶、折叶、掩叶三种，正叶众多，画一反叶、折叶，正叶刀法重，折叶刀法轻，表现了花卉草木春荣秋萎之神态。

4. 刻草虫法：草虫多点染，翎毛重勾勒，以写意构成，具体细微而其形逼真。

5. 刻鸟法：先从嘴这上颚一刀刻起，补完上颚，再刻下颚，点睛，刻头与脑，次刻背上披蓑毛及翅膀，再刻胸并肚子至尾，后补腿及爪子。鸟形不离卵象，故以卵形添首尾翅足而得鸟的全形。

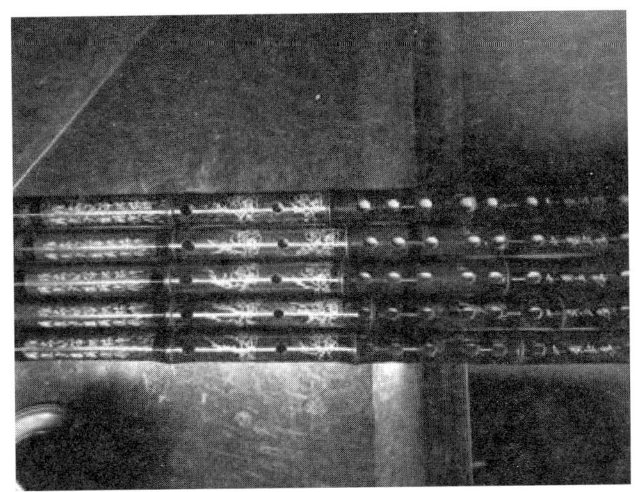

图 15

【作者简介】

吴继红，侗族，1968 年 7 月出生在贵州省玉屏县新店乡大湾村，随父学习原木雕刻技艺，1994 年拜刘文忠为师（原箫笛厂创始人）学习制作箫笛。20 多年来，在箫笛制作的探究与磨炼中，将刘文忠师父的箫笛制作技艺与自己的体会融会贯通，创新了玉屏状元箫、竹根箫、尺八箫等系列产品，制作的箫笛作品深受消费者的青睐。

其雕刻的箫笛图案多种多样。除玉屏箫笛精美的龙凤图案外，还雕刻出细腻而逼真的山水、花草和鸟兽等图案。图案取材于民间故事、诗词和典故，各种图案惟妙惟肖，并将镂空工艺与中国书画手法结合，在箫身笛首微刻图画。所雕刻的诗词内容非常广泛，除古诗词，还有现代诗。其雕刻刀法细腻流畅，阴刻、阳刻，微雕、浮雕交相辉映。在雕饰艺术的布局上，更妙于诗与画的和谐，色调与纹样的统一，竹材的自然斑纹与诗词的协调，使之工艺纤巧，有较高的艺术欣赏和收藏价值。

新疆鹰笛与新疆笛

黄志喜

新疆鹰笛是在新疆帕米尔高原地区塔吉克族流行的一种笛子，塔吉克语称那依、泎尔。用鹫鹰的翅膀大骨头磨制镂刻而成，管内中空无簧哨。制作时，先将翅膀骨上的肉剔刮干净，锯掉两端骨节，除去骨髓。两端管口呈椭圆形，上口较大，下口较小，每隔 2.2 厘米左右钻有一个 0.7 厘米（稍呈椭圆形）的按音孔，按音孔共有三个，制作精细，多才多艺的塔吉克人民，每当鹰笛开完音孔以后，还要在白净而俊俏的笛身上雕刻出图案、纹饰或题字，犹如一件精美的工艺品。更为奇特的是，鹰笛做好以后先不能吹奏，要放置在屋内的房柁上，经过半年

图 1

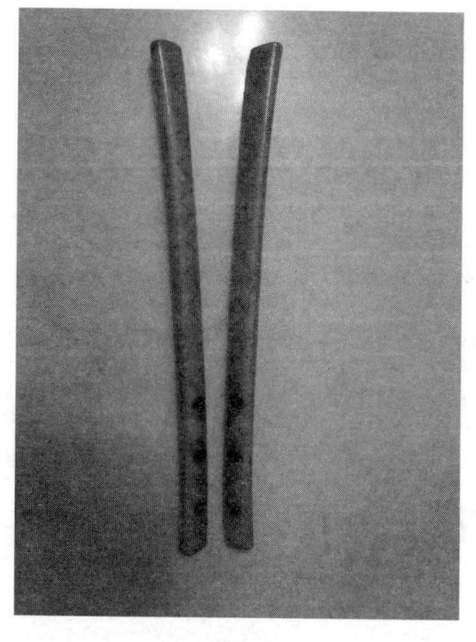

图 2

时间的烟气熏染，使外表呈现出美观、雅致的暗红色之后，方可取下带在身边使用，竖着吹奏，鹰笛音色高亢、明亮。如图 2 所示。

新疆笛子与内地笛子结构大体一样，略有不同的是新疆笛子的膜孔和笛膜。因为，新疆地区多处沙漠地带，早晚温差大，笛子热胀冷缩明显，一般芦苇膜较少使用，相传古代新疆人吹笛子用动物的肠衣做膜，效果不错，但肠衣膜不易获取，所以，可以用报纸一类的较厚纸张直接贴在膜孔上吹奏，效果也不错，或者直接用胶带缠在笛膜孔上，使用方便，较多情况下采用此方法。也可以在做笛子时直接不开膜孔，这样效果也好，而且更方便。

【作者简介】

黄志喜，中国石油新疆乌鲁木齐石化工程师，酷爱竹笛、箫、长笛、尺八等乐器的演奏，2003 年有幸拜周林生老师为师，学习笛箫制作。

赵景国谈低音笛箫的制作

赵景国

低音笛箫的基本制作工艺和一般笛箫制作是一样的，不同的地方有：

（1）弯管部分的制作

首先要预留一部分竹材，锯成2mm至5mm不等的三角形，需锯12片至13片，把它们磨平了。再与吹口段的竹管以45度角一片片胶起来形成弯管。然后用竹粉、木粉和胶水把弯管部分胶起来，磨平打光，与按孔管连接也是45度角，胶合牢固。再做一个两管之间的支撑，用木制的就可以。

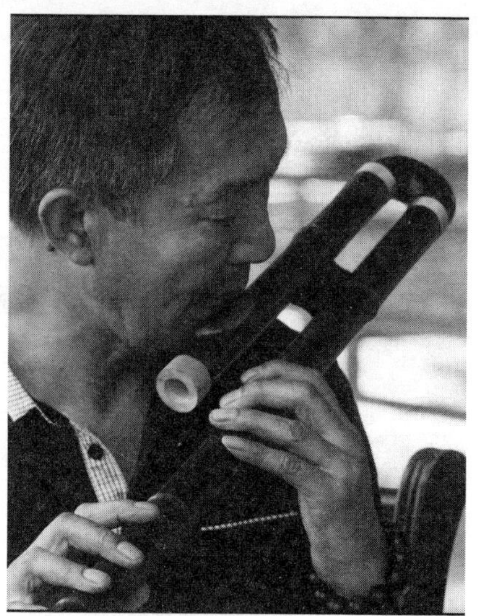

图1

（2）按孔

在确保音准的前提下，调整指孔的位置和孔的大小，使手指按孔的时候能够舒适合理。

（3）吹口制作

低音笛箫由于管的长度加长了，在吹低音的时候，原有的吹口竹壁厚度已经无法使低音部分充分振动。因此，不同调的低音笛箫，需要改变吹口竹壁的厚度，从而激发低音，获得良好的振动。

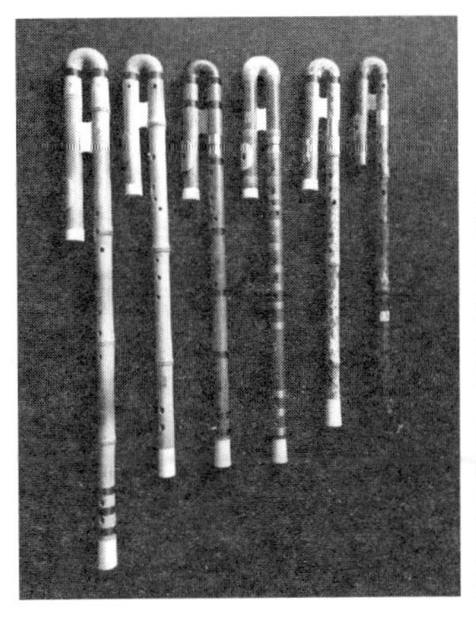
图 2

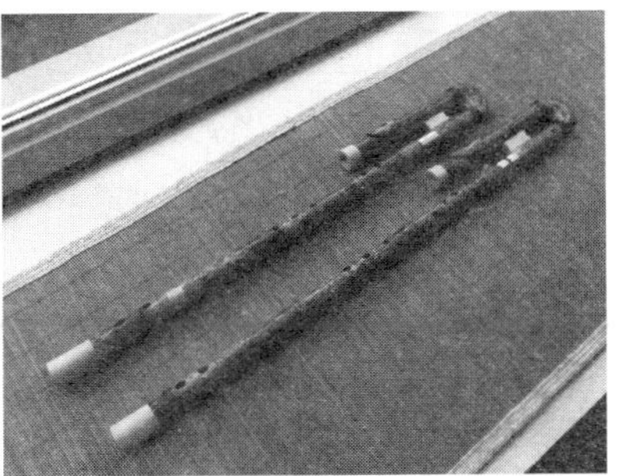
图 3

图 4

【作者简介】

赵景国，1972 年进入上海民族乐器一厂工业中学，1975 年毕业后在上海民族乐器一厂从事笛箫制作，师承陈建萍师父。20 世纪 70 年代末开始了对低音笛箫的研究，经过制作、修改、再制作的不断探索，逐渐形成了低音笛（弓笛），低音弯箫系列。1990 年低音笛（弓笛），作为技师审评项目通过评审，1991 年获得国家劳动部技师证。

开发的排箫系列产品，由总政歌剧团著名笛箫演奏家杜聪先生录制成 CD。以后又为中央民族乐团著名笛箫演奏家王次恒、著名笛箫演奏家蒋国基、张一诚、梁中林以及为美国、台湾、新加坡等国的演奏家制作了低音笛（弓笛）、弯箫（低音箫）低音产品系列，获得赞誉。

浅谈学习赵松庭先生《横笛频率计算和应用》的体会

周 晴

赵松庭先生是当今笛子艺术领域里的巨擘，后人对于他在中国笛子艺术领域里，如在中国笛史、中国笛演奏艺术、笛曲创作、笛美学、笛教学、笛改革等方面的贡献，都有过不少的研究，但对于他的科研成果《横笛频率计算和应用》的理念及方法却鲜有论述，本文谈谈自己在这方面的见解，以期起到抛砖引玉的作用。

《横笛频率计算和应用》，是近代中国竹笛艺术大家赵松庭先生于1961年和同济大学著名物理学家、声学教授赵松龄先生合作，经过两年的试验和探索，由赵松龄先生在1963年整理成文，并由赵松庭先生发表在当时的《乐器》刊物上的。

在此以前，有关横笛的频率计算和应用课题，还鲜有人研究。千百年来，横笛的制作一般只停留在只言片语的经验口诀中（当然，经验很重要，也很实用）。

一、横笛是开管乐器

赵松庭先生在文章中，首先提出“横笛是开管乐器”的论点，并指出“这是一个带有根本性的问题”。

《横笛频率计算和应用》（以下简称为“赵文”），是近代中国竹笛艺术大家赵松庭先生于1961年和同济大学著名物理学家、声学教授赵松龄先生合作，经过两年的试验和探索，由赵松龄先生在1963年整理成文，并由赵松庭先生发表在当时的《乐器》刊物上的。

赵先生在“赵文”中说：“粗看起来，笛子一端闭塞，一端开口，直觉上容易认为它是‘闭管’乐器，以往许多学者，就往往把它作‘闭管’来分析研究。实际上，由于在吹孔处，管内空气柱已与大气接通，其振动方式，与开管类似。因此，必须把它作‘开管’来进行研究。”

另一方面，假如说横笛是属于“闭管”乐器的话，那么在超吹时，频率将按1、3、5、7……的奇数倍进行（闭管的特征），而吹不出高八度音。而实际情况是横笛在超吹时，频率是按1、2、3、4……的倍数进行的（开管的特征）。

赵先生在“赵文”中首先提出“横笛是开管乐器”的论点，为横笛的频率计算和应用指明了正确的研究方向。

二、确定频率标准

赵先生在“赵文”中说：“目前，国际上采用平均律，小字一组a为440Hz。中国笛子是否采用平均律，是一个值得探讨的问题。为了计算方便，我们在这里采用平均律和a为440的标准。”

“平均律”（十二平均律），在相当一部分人中间一直被误以为是西方的音乐理论。其实，从历史记载看中国在音乐实践中开始应用平均律，在公元前2世纪左右。而平均律理论的出现，则是1584年明代朱载堉的《律学新说》问世之时。尽管如此，中国平均律理论也要比西方平均律理论早几百年问世。

平均律理论可以简化为：

设主音频率为“1”，则其高八度音程为“2”，令十二音间的音程均为“t”，“t”为1.0595（各音程之间的公比）。

设小字一组a为440，以A为主音，求得十二音的各个频率数是轻而易举的。再代入平均律公式，求出各音的有效管长，也是顺理成章的事（温度的标准取15℃）。

三、实际管长的计算方法

计算出横笛各音的有效管长是容易的，但有效管长不等于横笛各音的实际管长。这是因为横笛的实际管长还须有两个修正数。一是“吹端处的修正数”，二是“各音之间的修正数”。把一个音的有效管长减去这两个修正数，从理论上说才是该音的实际管长数。

吹端处的修正公式，是赵先生和他的弟弟物理学家赵松龄先生花了两年的时间研究出来的，实践证明是有效的。而目前世界物理声学领域里还没有研究出关于吹端的修正公式来。

横笛各出音的修正数，情况非常复杂，除该音的管长决定频率外，其他音孔的开放和闭合，都对该音频起大小不同的作用。（有兴趣的朋友可以看赵先生的《横笛频率计算与应用》一文来进行研究，这里不做详细介绍）

在横笛基音的定位计算运用上（不是纯频率计算），还有个方法，就是可以将“公比”简化为“1.06”，通过简便的计算可以比较准确地得出横笛十二个调包括高低八度音的所有横笛的基音位置。这和实际情况是基本符合的。

如以三孔 C 曲笛为例。从吹孔中心到基音孔垂直距离设为 380mm，分别运用公比“1.06”的“连乘”或“连除”的方法，可以比较准确地得出横笛十二个调包括高低八度音的所有横笛的基音位置。

四、温度问题

“赵文”说：“频率与温度有关。”

通常，同一支横笛的音频在冬天会变低而到夏天又会变高。对于这个物理现象，许多专家做出了各种解释，最常见的有“热胀冷缩”的说法。持这种说法的专家认为：冬天，横笛管壁收束，笛管径变大，因此横笛的音频变低；反过来，夏天横笛管壁膨胀，笛管径变小，因此横笛的音频变高。其实，这种貌似科学的说法是站不住脚的。

赵先生曾提出过一个有趣的问题，他说：一个金属圈，受热后，它的直径是变大了还是变小了？正确的回答应该是直径变大了。因为根据热胀冷缩的原理，受热后的金属圈的周长增长了，金属圈的直径也就变大了。

假如横笛冬夏音频的变化是因为热胀冷缩的话，那么同一支横笛的音频在冬天应该变高（管径收束变小），在夏天应该变低（管径膨胀变大），而事实恰恰相反。

对于同一支横笛，冬天音频变低夏天音频变高的物理现象，赵先生说，物理声学告诉我们：温度改变了声音传播的速度，而声音传播的速度改变了频率的高低。这才是横笛音频冬天变低夏天变高的根本原因。

横笛的音频随着气温的变化或变高或变低，这个物理现象大家司空见惯。但是，这两者之间有什么规律可循呢？在赵先生之前，从没有一个人能解答这个问题。如今，我们在赵先生的专论中找到了令我们满意的答案。

五、温度对管乐器类频率的影响

赵先生说：计算表明，温度正负10℃，将使一定管长的频率升高或降低“六分之一”到“七分之一”个音（计算过程较繁杂，这里就略去了）。也就是说，在同一支横笛上，温度正负10℃，该横笛的音高要升高或降低“六分之一”到“七分之一”个音。

我们知道一个全音设为200音分，“六分之一”到“七分之一”个音也就是30音分左右。在这里，赵先生贡献给我们的科学结论是：温度影响频率的规律大约为“1∶3”的关系。

除了大气温的变化会影响横笛的音频，同一支横笛，在吹奏过程中，由于人体吹出的气温变化，也会影响到横笛的音频。这种变化，在冬季尤为明显。对于人体吹出的气温变化会影响到横笛的音频变化，这两者之间又有什么规律可循呢？在赵先生之前也从没有一个人能解答这个问题。

赵先生告诉我们：

例如，大气温度为15℃时，经过吹奏，管内平均温度约为22℃。也就是说，假如在大气温度为15℃时，经过吹奏，横笛音频会升高21音分

[(22–15)×3]。

又例如，大气温度为0℃时（寒冬室外），经过吹奏，管内平均温度为12℃。也就是说，假如在大气温度为0℃时，经过吹奏，横笛音频会升高36音分[(12–0)×3]。

赵先生贡献给我们的横笛频率和温度的规律，不但对研制笛子提供了科学的依据，对于笛子演奏同样也是非常重要的。笛子演奏时如果不注意温度的变化，是要“吃苦头的”。

举一个例子：剧场后台一般冬天气温较低，而舞台上的温度比后台高，如果在后台把笛子音高定准了，到了舞台上由于暖气、人气和灯光的因素，笛子的音就会偏高而影响演奏。

再举一个例子：用“排笛”演奏《水乡船歌》(蒋国基作品)，大小笛子在音准安排上，c小笛音高要比c曲笛略高些才行。假如c曲笛、c小笛的音高标准定得一样高，那么演奏时，先吹c曲笛，一会儿c曲笛吹热了，c曲笛的音高就上去了，接着吹c小笛，原先和c曲笛一样音高的c小笛音就会显得偏低了。这样，就会影响演奏的顺利进行。

赵先生不但是中国笛界的巨擘，又是博学多才的学者和谦虚和蔼的仁者。尽管他在中国笛子艺术领域里做出过巨大的贡献，但他说：“我们的探讨还有不完善之处。”

他在花了几番心血编著的《常用竹笛计算数据》中说：“注意，第二孔与第三孔之间为半音，由于靠得太近，影响手指的灵活性。在实际应用中，可将第二孔向下移一些，然后将音孔放大些。又请注意，第五孔与第六孔之间按全音计算，如按表中数字制作，发音稍偏高，因此在实际应用中，可将第六孔稍向下移，或开小一些，然后根据自己的习惯调整。”

赵先生为中国笛文化呕心沥血的奉献和博学谦虚的品格永远值得我们学习。

【作者简介】

周晴，笛子演奏家，作曲家，其师为笛子一代宗师陆春龄，其父为中国著名笛子制作大师周林生。2003 年毕业于上海音乐学院民乐系和作曲指挥系，获笛子演奏和作曲双专业学位。其演奏风格宽广多样，犹如无形之水，具备超凡的可塑力；其创作风格以传统与现代、古典与流行的跨界音乐为特征。

笛箫音准与人体工学

王建宏

图 1

在我二十多年的笛箫演奏经历和十几年从事笛箫制作实践，以及多次与演奏家以及全国众多演奏者交流时发现，大家对中国笛箫的音准有很多一致的建议，即升 4 与还原 4（筒音作 5）的音准问题，7 音（筒音作 5 的第二孔）音准偏低，还有大笛子（比如大 A 调）第一孔与第二孔之间间距太大，造成演奏上的不适和紧张。本人观察很多国外的木笛、竖笛等，发现这些笛类乐器的指孔都不是一样大，而我们目前国内的传统笛箫的指孔都是一样大，这样一来，譬如要求第二、三孔半音音程关系准确，那么这两个孔之间的距离就要非常近，曲笛、大笛子勉强可以，小梆笛就没法演奏了。所以，传统做法是将第二孔往第一孔方向移动适当距离，使得食指和中指不至于特别近而影响演奏，然后将第二孔放大一点，但是，音准仍然不够，小 a 调、小降 b 调、小 c 调等小笛子第二孔音准基本上都是偏低的，如果演奏传统曲目尚且可以，遇到筒音作 1 或者其他转调的情况就没法演奏了。为此，我翻阅了很多资料，经过大量计算以及大量的实践，通过缩小指孔直径并移动指孔位置，解决了这个音准问题，通过人体工学设计，也使得演奏更加舒适。

一、传统笛箫的指孔间距与音准以及人体工学之间的矛盾

1. 第二孔音准（第二孔与第三孔间距）与人体工学之间的矛盾

现有竹笛的六个指孔直径都一样大，按照理论数据，保证音准的情况下会造成小笛子（D 调、降 E 调、E 调、F 调、升 F 调、G 调、升 G 调、A 调、小降 b 调、小 b 调、小 c 调等）第二孔到第三孔孔距太近而无法演奏，为了避免这个情况，要将第二孔往第一孔方向下移，演奏虽然没问题，但第二孔音准会严重偏低。

2. 筒音作 5 的升 4 与还原 4 的音准问题

在各个指孔直径一样大的情况下，按照理论数据计算的指孔全开升 4（筒音作 5）音高准确，但还原 4 叉口指法（按 1、2、4、5 孔或者按 4、5 孔指法）都偏高，所以传统制作中将第六孔往第五孔方向下移了 1–1.5 毫米，这样保证了还原 4 的音准，但升 4（筒音作 5、6 孔全开指法）却偏低了（箫同理）。

3. 曲笛及低音笛音孔距离以及人体工学之间的矛盾

由于很多演奏者手指不够长，手掌不够大（尤其是女性演奏者），所以按照理论数据打孔不做调整的话，在演奏升 C 调、C 调、大 B 调、大降 B 调、大 A 调、大降 A、大升 G、大 G、大升 F、大 F 调笛子时，由于第一孔与第二孔距离太大而导致下手中指与无名指（七孔低音笛是小指和无名指）叉开太大，这样容易给演奏造成不适和紧张。

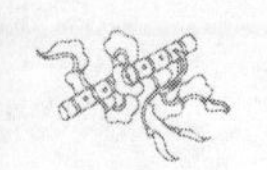

二、改变原有指孔直径数据，并且根据比例移动孔距，从而解决笛箫音准与人体工学之间的矛盾

1. 将第三孔直径缩小 1–2mm，同时往第四孔方向上移 1–2.5mm，第二孔保持不变，这样一来，第三孔音准与第二孔音准都保证准确的情况下，第二孔与第三孔的距离也拉开，保证了演奏的舒适度，也保证了音准（此办法适合 D 调、降 E 调、E 调、F 调、升 F 调、小 g 调、小升 g 调、小 a 调、小降 b 调、小 b 调、小 c 调等）。

图 2 （上方为小 g 调竹笛传统指孔排列位置，下方为同调改进后的指孔排列位置）

2. 将第六孔直径缩小 1–2mm，同时往吹孔方向上移 1–3mm，这样既保证第六孔全开升 4（筒音作 5）准确，还原 4 叉口指法（按 1、2、4、5 孔或者按 4、5 孔指法）的音准也得以解决，按 4、5 孔的高音 5 音准也得到解决（此办法适合任何一个调）。

图 3 （上方为传统指孔排列位置，下方为同调改进后的指孔排列位置）

3. 将第一孔直径缩小 1–2.5mm，同时将第一孔往第二孔方向上移 1.5–3mm，使得第一孔与第二孔之间的距离缩小到舒适的程度，再通过微调使得音准准确，这样方便了演奏，且不会影响音准。

图 4 （上方为大降 B 调的传统指孔排列位置，下方为同调竹笛改进后的指孔排列位置）

注：此项为升 C 调、C 调、大 B 调、大降 B 调、大 A 调、大升 G 调、大 G 调、大升 F 调、大 F 调等调设计，对 G、F、E、D 调洞箫也同样适用，对倍低音大笛也适用。

关于笛箫开孔音准问题，上海陈正生先生也曾提过“提位缩孔”的设计，原理是一致的。

需要注意的是：

一、以上所述改变原来指孔直径的数据参考赵松庭先生《笛艺春秋》中关于笛箫各个调的指孔规定直径数据，并结合了目前大多数制作者的实践数据。

二、所有这些指孔的位置改变以及指孔直径缩小都要配合内径的调试，使得八度音准，共鸣良好，否则会出现新的音准问题以及音色不统一的现象。

三、以上指孔的缩小数据与上移的数据是范围值，因为每个调的情况不同，具体还要根据各调进行微调，而这个微调要借助实际演奏，数据只是指导方向。

总之，在保证音准的前提下，提高演奏的舒适度，可以通过大小孔移动位置，不但大大提高了竹笛的音准，还为转调提供方便，更使得演奏舒适、自然、松弛。

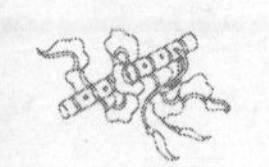

【作者简介】

王建宏，笛箫制作师，“风雅宫”笛箫品牌创立者，毕业于西北师范大学音乐系，教授竹笛演奏课程，先后师从西北民族大学音乐学院副教授邢万里、甘肃省敦煌艺术剧院国家一级演奏员刘怀琪。大学时，跟随著名笛子演奏家马迪学艺多年。后又拜笛子演奏家、教育家，上海音乐学院教授唐俊乔为师学习笛子演奏。2009 年拜著名笛箫制作大师周林生为师学习笛箫制作。2016 年拜台湾著名尺八演奏家、制作家蔡鸿文为师学习尺八演奏与制作。2015 年 10 月，参加中国第一届中国（玉屏）国际箫笛制作大赛，获曲笛类金奖、低音笛类金奖、梆笛类银奖、箫类银奖。2015 年荣获由中国民族管弦乐学会乐器改革制作专业委员会颁发的“2015 年度中国民族乐器十大制作师”称号（竹笛唯一的一位）。2016 年 8 月 18 日，央视音乐频道《中国乐器——笛子》栏目，采访报道了王建宏笛箫制作流程及中国笛箫发展状况。

2017 年 3 月，受贵州玉屏县政府邀请，为振兴玉屏百年箫笛，并作为“玉屏箫笛”革新与继承人之一，王建宏与玉屏县政府达成合作，在玉屏创立了玉屏璞韵箫笛文化发展有限公司，作为法人，和玉屏人一起，为中国玉屏箫笛振兴共努力。

展望人工智能对传统笛箫制作行业带来的革命

鲍永存

人工智能（Artificial Intelligence），简称AI。今天，这样的人工智能技术正在被广泛应用于各个领域。随着它的进一步发展，会不可避免地对各个行业造成冲击，很多岗位和职业会逐步消失。可能很多人觉得人工智能离我们传统竹笛行业还很远，其实不然，市面上出现的大量的智能钢琴、智能吉他等智能乐器都是在提醒我们，人工智能已经快速进入乐器行业，并对行业进行着大洗牌。

今天这篇文章我想讲讲人工智能将对我们传统竹笛行业带来的革命性影响。首先，我讲讲我们的制作竹笛，我是一个制笛师，大部分笛子制作工序都是纯粹靠手工去完成，人工智能将取代我们大部分的人工，很多工序都可以通过机器自动化来实现，比方说去皮、测量、划线、打孔、磨光都可以通过一台机器来实现，而且测量的数据避免了人工测量存在的误差，只要在电脑里面输入大量的数据就可以。原本借助机器在进行加工的工序，都有可能被更高级的智能机器所替代。这个不是危言耸听，不需要多久，竹笛行业肯定会实现半自动化批量生产。

其次，我们讲讲智能笛子，何为智能笛子？就是笛子上带智能化的一些功能，最初级的智能笛子就是能简单地教你怎么吹笛子，这个可以通过很多手段实现，比如手机APP等。高级的智能笛子就是一个微型的机器人，所有需要的功能都可以通过这个微型机器人来实现，比方说：指法练习、乐理知识、曲目练习、名师教学全都可以通过投影等方式来实现，跟

科幻电影里面一模一样。也许很多人会说竹子的材料不可能会被代替，我想说的是：没有材料是不可被替代的，3D 打印技术会成熟到像克隆人一样来克隆竹子。

随着人工智能技术越来越成熟，竹笛行业里面也会有越来越多的人工智能技术被广泛应用，未雨绸缪，希望我们的智能笛子也可以尽快地被研发并普及。

【作者简介】

鲍永存，笛箫制作师，从事竹笛制作 5 年以上，现任中国民族管弦乐学会乐器改革制作专业委员会常务理事。地地道道的笛乡铜岭桥人士，师从著名制笛大师周林生先生，成立了杭州竹霖生乐器厂，是网络畅销品牌“竹霖生”和“沐铭雅韵”的创始人。所制竹笛的笛音厚实，共鸣感强，在音准、音色方面受到业内人士的一致好评。

中国竹笛制作论坛

董雪华

一、补充铜岭桥之行三道工序需要注意的几点

1. 修补裂笛的工具与材料

专业定制刀具、502 胶水、砂纸（180、400、600 目）、竹粉及竹粉的采集。（图 1、图 2）

图 1

图 2

2. 修补方法

竹粉填补开裂处越深越好，502 属液体胶水，胶水干后砂纸打磨先粗后细打磨平整。细砂纸需要多打磨几遍，这样可使修补后的笛身既平整又光亮。（图 3—图 9）

图 3

图 4

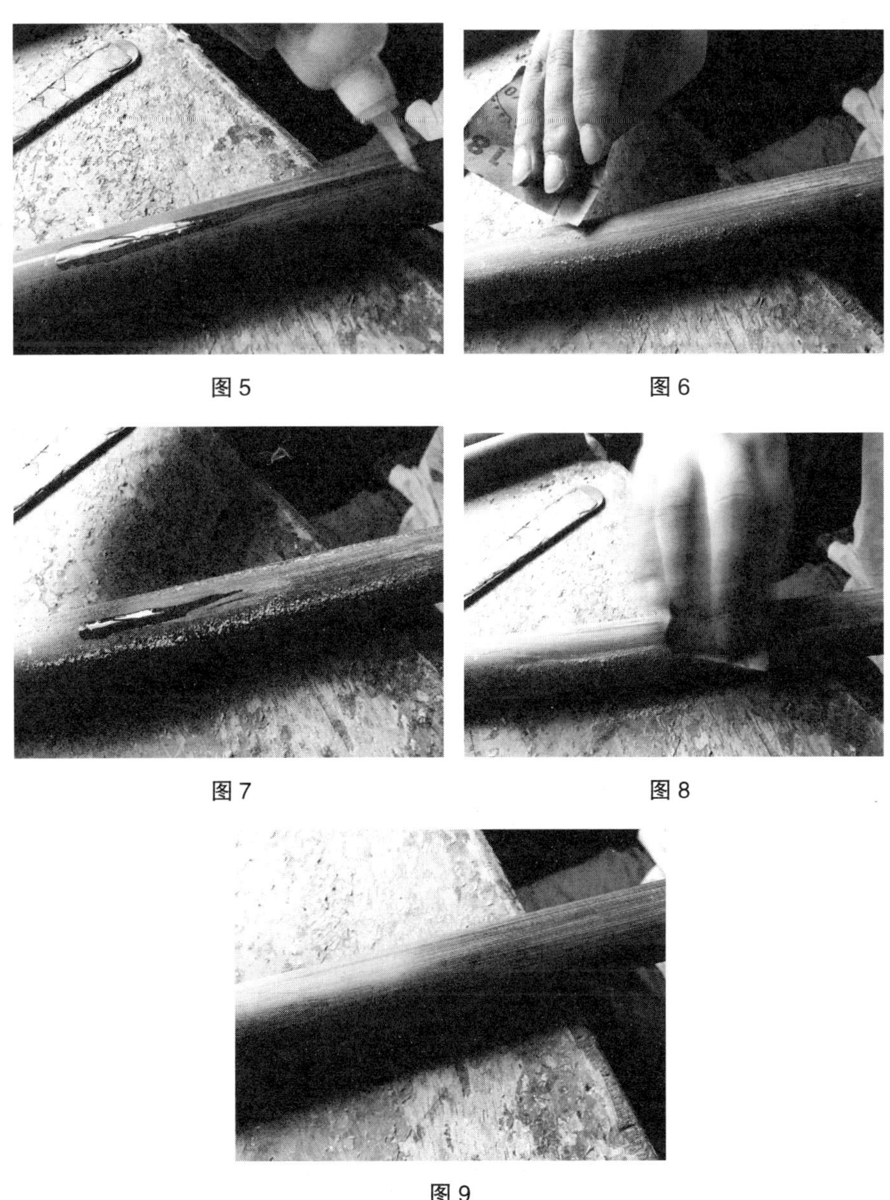

图 5　图 6

图 7　图 8

图 9

3. 铜套与笛身头尾镶饰的维修

首先需要配以内外大小尺寸合适的镶头与铜套，因此需要准确地量好尺寸（可向配件厂家或笛箫制作厂家购买），在更换的过程当中，需要注入适量的 502 胶，过少容易再次脱落，过多容易溢出粘手以及破坏笛身外观。（图 10、图 11）

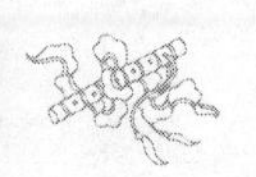

图 10

图 11

4. 缠线

修补好的笛身需要缠线防止再次开裂。缠线需要注意以下几点：

（1）正确掌握线头打结方法，正确的打结方法能使缠线牢固不易松散。缠线的手势需要面对面学习才能正确掌握。（图 12）

图 12

（2）笛子开裂修补后需要缠有弹力的尼龙鱼线，在缠线过程中要把鱼线拉紧，利用尼龙鱼线的弹力把笛身牢牢固定，可有效防止笛身再次开裂。（图 13、图 14）

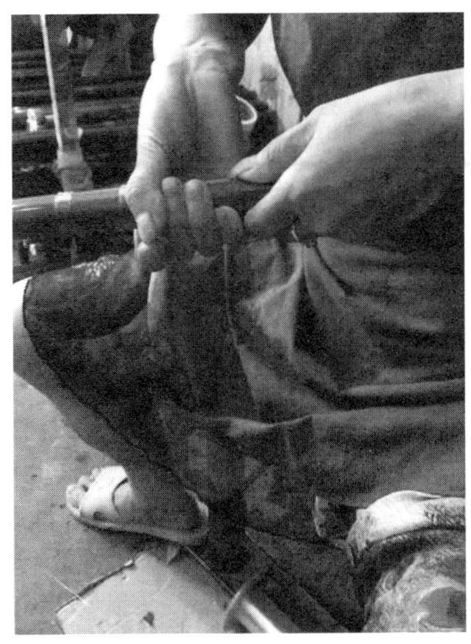
图 13

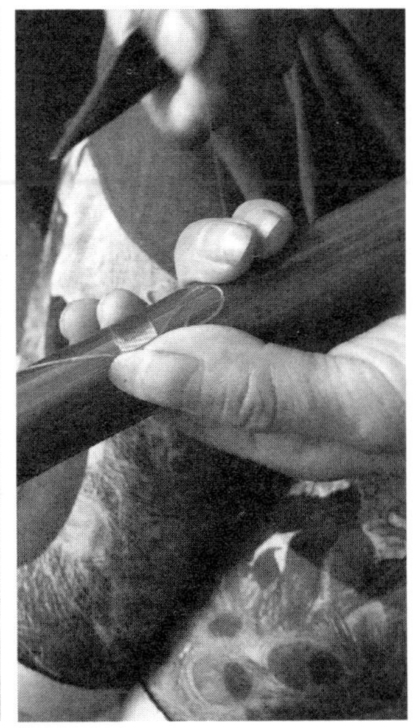
图 14

二、笛子的材质与音色

1. 笛子的发音原理

笛子属于开管边棱乐器，通过唇部中间吹出气流冲击吹孔边缘，进入管中的气流引起管内空气柱振动而发音。振动状态的好坏除了制作师制作水准高低之外更需要合适的原材料来加以完成。

2. 中国笛子的音色特点

传统的中国笛子主要以竹为原材料制作而成，故又称“竹笛”，世界上笛类乐器有很多，如印度的苇笛，日本的篠笛，西洋长笛等，但仅有中国的竹笛与韩国的大笒有膜孔设置，用以粘贴笛膜改善音色。粘膜后笛子的音色清脆明亮、甜润饱满、穿透力强、表现力丰富。

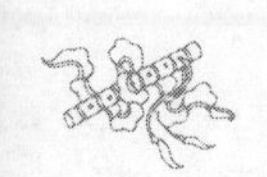

3. 影响笛子音色的主要因素

影响笛子音色的主要因素有材料的类别与材料的质量。

笛子现有的几种制作原材料分为木料和竹料。木料包括红木和檀木，竹料包括苦竹、紫竹、湘妃竹。

木料制笛是最近几年兴起的一个新品种，音色浑厚，相对竹料而言更不易开裂，但木料笛发音灵敏度与竹笛相较要稍差一些，且音色不是那么统一，容易出现低音浑厚饱满、高音暗涩的问题。木制笛内外径需要通过机械加工，加工处理不当容易出现发音不通透、音准有误差的问题。（木制笛与竹制笛存在一个最大的音色差别就是木制笛缺乏竹制笛特有的音韵色彩）因此，市场上普遍认可使用的还是竹制的笛子。

竹制笛目前主要有湘妃竹、紫竹、苦竹三种。

湘妃竹，又称花斑竹。湘妃竹外观非常漂亮，材质又很坚硬，但湘妃竹在节与节之间长得不均匀、内径也不规整，因这一特性使得制成笛子后往往容易出现八度音准不准的问题，特别是梆笛以及高音笛。因此，在挑选湘妃竹笛子时要特别注意。

紫竹，竹身多呈紫黑色，也叫“黑竹”，传统洞箫（非南箫）多采用紫竹。它的音色柔和细腻，用来制作竹笛也是非常好的原材料之一。紫竹原材料的地域分布较广，因土壤、气候等因素形成的竹质的坚硬程度不等，竹节的平整度也相差较大。江西、安徽、福建等省份的紫竹比较适合用来制作笛箫。

苦竹，因其竹笋苦涩而得名。苦竹最大的特点之一是竹节比较长，可以在竹笛有效尺寸内用一节竹子制作，这样保证了内外径的统一，也使得制成的笛子在发音的灵敏度以及音色、音准上都比较完美，因此是制作师们最喜欢用的原材料，也是演奏家们最常用的竹笛品种。

众所周知，中国的苦竹在南方一带很常见，但苦竹资源最大的产地位于浙江余杭中泰。几年前中泰就被评定为国家级苦竹资源种植基地、中国竹笛之乡、国家地理标志认定地以及省级非物质文化遗产基地。在中国南方一带，如湖南、江西以及浙江的安吉也有苦竹产地。但因土质、环境、气候、品种等各种因素。在整体的竹质上还是无法和中泰所产的苦竹相比。因此，用苦竹作为笛子的原材料来说，中泰的苦竹到目前为止是被大家公认为最好的。

4. 苦竹竹材的选择

（1）生长周期与纤维密度

制作师们在制作竹笛时通常会选用材质坚硬、纤维紧密的竹材，这类竹材需要生长周期在 5 年至 7 年、阳光充足的砂石山地。竹材的纤维密度可随着竹龄年限的增长逐渐紧密，且竹壁厚度也随着年龄增长逐渐增厚。众所周知，纤维紧密、材质坚硬的老竹制成的笛子振动充分，发音结实浑厚，通透灵敏。

（2）竹材的圆整度

竹材的圆整度也是选材的一个重要因素，相对圆整的竹材发音通畅灵敏，振动也会更加充分。特别是接铜笛，扁的竹材容易出现八度音准不准的问题，因此，在制作时需要挑选内外径相对圆整的竹材。（图 15）

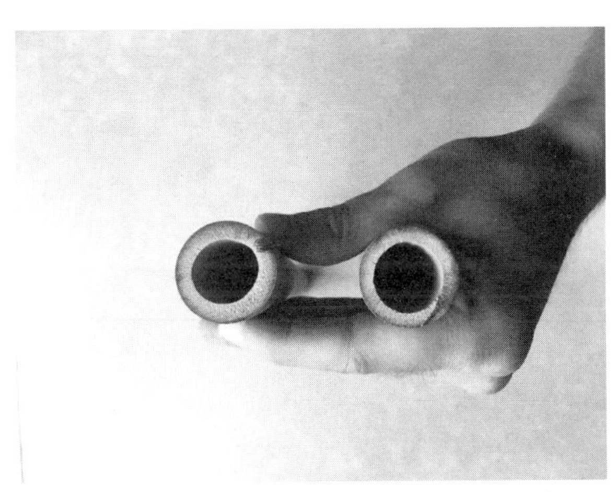

图 15

（3）竹材厚薄度

竹材厚薄度对笛子音色有较大影响，通常竹壁在 3.5—4mm 的竹子发音较结实饱满，竹壁偏薄者制作时八度音准问题较少，但音色较单薄、气息承受力往往不够，竹壁偏厚者可使张力加大、音色更加厚实，但灵敏度会有所牺牲，制作时易造成超高音发音困难从而缩小笛子本来可以达到的

音域，竹壁过厚也往往容易出现八度音准偏窄的问题。所以选择合适的竹材壁厚是进行竹笛制作的一个重要参考因素。（图 16）

图 16

【作者简介】

董雪华，中泰铜岭桥人，从小随周林生学习笛子演奏与制作，曾在余杭区文艺会演上独奏而获得金奖，受过较正规的乐理和视唱练耳训练。创办“灵声笛箫”品牌后，得到笛箫宗师陆春龄、赵松庭先生的关怀。到北京开业后，又得到张维良、戴亚等中国竹笛第一流的艺术家的指点，并在中国音乐学院进修三年，音乐文化素养得到很快的提高。江泽民主席曾多次指示中央有关部门指定董雪华生产的“灵声笛”作为国礼赠送贵宾。2005 年 9 月，他作为大陆笛箫制作第一人应邀赴台湾讲学，被台湾高等院校聘为笛箫制作顾问。2006 年，随浙江歌舞剧院出访欧洲六国，在维也纳金色大厅与各国艺术家、乐器制作大师进行交流。曾担任首届中国玉屏国际笛箫制作大赛评委。2017 年成功组织举办了全国最大规模的笛子大赛。

乐器产业——杭州余杭区“中泰竹笛之乡”调查报告

丰元凯 徐登朝

2011 年 3 月 24 日，杭州余杭区中泰乡政府向中国乐器协会提交关于命名中泰乡为“中国竹笛之乡”的申请报告。在接到中泰乡政府递交的申请报告后，中国乐器协会高度重视并做出决定，委派秘书长曾泽民，副秘书长丰元凯二人组成调查小组前往中泰乡进行实地调查，以全面了解中泰乡竹笛生产经营与竹笛文化活动的开展情况。

4 月 13 日，调查小组通过为期一天的考察，详细听取乡政府领导和相关负责人的进一步汇报，实地参观考察了苏东乐器厂、竹韵乐器厂、中泰乡中心小学以及竹笛原料基地——苦竹区。考察结束后，又先后采访了中泰乡党委书记柴顺良、中泰乡竹笛产业初期创办人上海高级音乐教师周林生、国家一级笛子演奏家中央民族乐团管乐声部长王次恒、中央音乐学院笛子教授戴亚、杭州灵声乐器厂董雪华、全球乐器网总裁徐登朝、原上海民族乐器一厂厂长常敦明等人，向他们进一步了解中泰乡竹笛产业的发展历程。

图 1

图 2

图 3

图 4

图 5

图 6

图 7

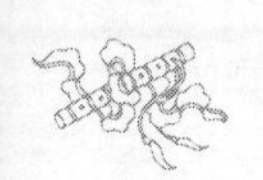

图 8

一、得天独厚的竹笛资源

中泰乡位于浙江省杭州市西郊，距市中心 25 公里，区域面积 70.13 平方公里，辖 10 村、2 个社区，总人口 24452 人。

中泰乡属半山区，森林覆盖率 66.3%，乡内拥有全国唯一的浙江省特色林业基地——中泰万亩苦竹现代科技示范园区。该园区核心区块有苦竹林 28000 亩，竹材蓄积量达 5 万吨。苦竹为禾本科植物，别称：伞柄竹，竿高 3—5m，粗 2—3cm，竿壁厚约 6mm。苦竹有多个品种，产于江苏、安徽、浙江、江西、福建、湖南、湖北、四川、贵州、云南等省，主要是用于笛、箫制作材料。由于苦竹笋是苦的，不能食用，所以当时苦竹经济价值很低，农民把竹打碎了，用于作纸糯糊或者烧火。

竹笛是具有七千多年悠久历史的中国民族乐器，相传在古代，黄帝时期，就开始采用竹子制作竹笛，竹笛原材料主要用苦竹和紫竹两大类别，其中绝大部分是采用苦竹制作，最大的竹节可以达到 60—70cm，可以制作各种音调笛子，甚至大笛也可以制作。据史料记载，自明洪武年间起，中泰人就用中泰特有的制笛材料苦竹制成御笛贡献朝廷，宋代诗人范成大游余杭天柱峰时曾作诗句“疆场决胜飞鸣镝，诗话文章赖尔传”赞美中泰竹笛。

图 9

图 10

图 11

图 12

图 13

图 14

图 15

图 16

二、国内各民族乐器生产企业的原材料基地

新中国成立后，从 20 世纪 50 年代到 80 年代后期，国内主要民族乐器厂，如：上海民族乐器一厂、苏州民族乐器一厂、北京民族乐器厂、天津民族乐器厂等，都以竹笛为企业的主导产品。长期以来，这些企业的技术人员与工人经过与专业演奏家的合作，改革成功品种繁多、不同档次的竹笛，以满足专业与业余爱好者的需要，竹笛也逐步成为最普及、应用最广泛的民族乐器之一。据 1987 年《中国轻工业年鉴》统计数据显示，当年全国竹笛年产量达到 166.37 万支，而这数以百万支竹笛的材料，绝大部分采自当时的余杭铜岭桥村（现为中泰乡）。在计划经济年代，各乐器厂原材料采购是实行年度计划安排、定点采购办法，由本地供销社向农民收购竹材，集中供给各竹笛生产企业，这种农民种竹、采竹、卖竹的产销方式一直延续到 20 世纪 80 年代。世代生活在苦竹之乡的农民，只能是交售竹笛材料赚取工分或者取得一点收入。

图 17

图 18

图 19

三、从砍竹、卖竹到自行制作、经营竹笛的转变

改革开放后的农民思想也在发生变化，铜岭桥农民热切地盼望着通过自己的双手改变生活。1984 年，一位来自上海的中学音乐老师彻底改变了整个铜岭桥农民祖祖辈辈只靠砍竹、卖竹为生的命运，他叫周林生。

周林生现年 65 岁，1964 年进上海民族乐器一厂，从事笛子制作。1978 年恢复高考后，他考入上海师范学院主修音乐教育，毕业后在上海的一所中学担任音乐老师。由于周林生掌握制笛技术，又精于竹笛演奏，工

作之余为自己做几把得心应手的竹笛便成为周林生的乐趣。周林生作为当时社会流行的“星期天工程师”，每周都到铜岭桥指导竹笛生产传授制作技艺、培养技术工人。1985年，铜岭桥村农民在周林生的支持和指导下，创办了第一个村办企业“铜岭桥工艺竹器厂”，村长董仲彬任厂长，吸收了董雪华等四五个小青年当工人，竹笛是工厂生产的其中一个产品。一年后，企业便通过浙江外贸出口一万支笛子，销往香港、台湾和东南亚地区，从此铜岭桥竹笛生产走上轨道。

铜岭桥从卖笛竹开始向自行生产竹笛的消息很快引起了上海民族乐器一厂领导的重视，双方经过友好协商，达成“成立上海民族乐器一厂铜岭桥联营厂”的协议，协议由位于铜岭桥的联营厂生产各类中低档竹笛，产品贴“敦煌”牌商标，上海民族乐器一厂负责对工人技术培训，产品由上海民族乐器一厂包销，联营厂同时需保证上海民族乐器一厂高档竹笛的材料需求。在双方合作的10年间，铜岭桥竹笛生产通过与上海民族乐器一厂紧密型合作，使当地农民掌握了正规的竹笛生产工艺技术，培训了一批具有较高技术水准的制笛工人。

与此同时，苏州民族乐器一厂也在铜岭桥建立了竹笛联营生产企业，以竹笛半成品供应主厂的加工方式作为联营方式。

20世纪90年代末期，农村经济体制改革，鼓励和促进个体承包以及民营经济的发展，进一步激发了农民发家致富奔小康的勇气和信心。在经营数年上海民族乐器一厂铜岭桥联营厂的基础上，一批志向高远并掌握竹笛加工技术的年轻工人，陆续脱离联营厂，自立门户，各自创办一批民营性质的竹笛生产企业，如“灵声乐器厂”“竹韵乐器厂”等，这些民营企业经过不长时间的发展，企业规模不断扩大，迅速带动了当地经济的发展，农民的生活得到了很大改观，他们走上了致富的道路，同时产生了巨大的示范效应，更多的工人从原来的联营厂出来自己办厂，一些原来没有做过笛子的农民也在种田之余开始做笛子。“灵声乐器厂”为了扩大经营市场采取了“走出去”的道路，他们在北京设立办事处，与北京等大城市的琴行、音乐院校、表演团体建立合作关系，以得到技术指导、扩大产品销路。与此同时，为满足竹笛配套需求的铜套、牛角、笛盒、笛包等零配件生产也开始在铜岭桥兴起。至此，一个以个体手工作坊为主，从种竹、养竹、砍竹到制笛、售笛，并且配套齐全的中泰乡竹笛产业链初步形成，一些初具规模，工艺技术相对成熟的企业开始创立自己的品牌产品，如："灵声""竹韵"等。

中泰乡的竹笛生产离不开演奏家的技术支撑和指导，中泰竹笛之乡的初期发展阶段得到了周林生等少数老师的协助指导，到了2000年以后，中泰乡竹笛生产进一步引起了国内民族音乐界的广泛关注，陆春龄、赵松庭、俞逊发、刘森、张维良、戴亚、王次恒、詹永明等北京、上海、杭州的音乐学院和民族乐团知名竹笛演奏家纷纷进入中泰乡，有的企业还把国内各主要民族乐器厂退休的笛子制作师请到中泰乡来指导他们的竹笛生产技术，他们与中泰乡竹笛生产厂采取"一帮一""一对红"的结合方式，担负着企业技术指导、质量监督、产品推广等责任，推动和支持各竹笛生产企业发展。经过连续几年的艰苦努力，中泰乡竹笛产品质量迅速提高，市场迅速打开，竹笛产品不仅满足着国内市场的专业和业余兴趣爱好者的需求，而且快速走向国际市场，大量出口到中国香港、中国澳门、中国台湾、东南亚、日本、美国等国家和地区。优美动听的竹笛声色不仅成为旅居世界各国华人思念家乡的一种寄托，同时，中国竹笛独有的音色也使许多喜欢音乐的外国友人动情，越来越多的外国人开始学习中国竹笛。

优胜劣汰是市场经济永恒的法则。中泰乡竹笛以其"独一无二的优质材料资源""全国绝大多数著名竹笛演奏家的支持""当地农民执着奋斗精神"等多项优势，很快占据了全国80%的竹笛销售市场。随着中泰乡竹笛社会知名度的不断提高，"灵声""竹韵""江韵""敏强"等一批中泰乡自主品牌竹笛开始叫响。采访中，中央音乐学院笛子教授戴亚说："中泰乡是目前中国最大的竹笛产地，现在我使用的，包括我的学生以及业余演奏者使用的笛子大都来自中泰乡，中泰乡生产的竹笛已经走上专业化的道路。"中央民族乐团国家一级笛子演奏家王次恒说："十几年来大量的笛子演奏家进入铜岭桥，他们经常去做技术指导，给他们不断地提出改进意见，从而为中泰乡培养了一批笛子制作师。现在中泰乡的竹笛生产规模和产品质量早已超过了当年国营企业笛子生产的水平。"

中泰乡竹笛产业的持续的发展已经造就了一支有文化、懂技术、会经营的新型农民队伍，他们在中泰乡发挥着重要的建设新中泰的主体作用。

四、“竹笛”特色产业使农民走上致富之路

在“全面建设社会主义新农村”战略思想指导下，党中央一系列支农、惠农政策相继到位，尤其是国家从2006年起全免农业税的政策使中泰乡农民靠发展“竹笛”特色产业逐步走上致富道路。

28000亩竹林被中泰乡的农民分片承包，免交农业税，使中泰乡数以千计的制笛农民大大降低了制造成本，再加上独一无二的优质原材料、日益纯熟的生产技术、品种日益丰富的高附加值产品，都使中泰乡的制笛农民收入节节攀升。

从20世纪末到21世纪第一个10年，中泰乡制笛农民走过了一条从卖原材料到卖产品，再到文化营销的生产经营之路，过去中泰乡农民卖一根竹笛料只有0.6元，学会制笛以后卖一支普及笛是3—10元，一支专业笛可以卖到100元一支，到中泰乡基本垄断专业竹笛市场的今天，现在一支材料好、经过精细工艺加工的竹笛，可以卖到1000—2000元，甚至一万元的也不在少数。

“拉动一方经济，致富一方百姓”是对中泰乡竹笛产业发展、推动当地社会经济发展的最好写照。今天，凡到过中泰乡紫荆村的人都可以看到，一座座三四层的小楼鳞次栉比，一幢接着一幢，人们会告诉你：这些楼的主人都是做笛子的。当汽车时代到来的时候，中泰乡的农民也丝毫不落伍，有相当一批农民已经购置了款式不同的轿车，这些轿车不仅用于生产和运输，同时也用于生活享受。

中泰乡的制笛农民富裕了，但是他们没有忘记走共同富裕的道路，中泰乡有着良好的村风，虽然大家都是同行，在产品上是竞争对手，但更多的是亲情和乡情。老村长董仲彬发家致富后，时刻想着带领大家一起致富，他毫无保留地把技术传授给想做笛子的乡亲们，董仲彬的儿子董雪华为了打开市场，早年就在北京设立了办事处，与北京的笛子演奏家有着十

分密切的合作关系。当乡亲们到北京参加展销会，甚至想与演奏家建立联系时，董雪华都会热情地为乡亲们介绍关系，联系宾馆，为他们购买车票，为乡亲们提供所有能够做到的服务。最近，董雪华正在酝酿着成立中泰乡笛子行业合作组织，把中泰乡生产笛子的企业组织起来，制定行规行约，共创品牌，约定最低限价，实行有序竞争，使中泰乡的竹笛生产走上一个良性发展规模经营的轨道。

中泰乡的农民富裕了，他们想的不仅是今天，还有明天、后天。过去的中泰乡农民靠卖竹为生，没有机会学习文化，今天中泰乡实现了“农（林）产品加工业的产业布局”，一个以竹笛为主导产品的非农产业形成了规模化生产。为此，为了今天的生存和明天的发展，中泰乡农民努力学文化，学知识，学习笛子生产技术和演奏。他们为了把自己的事业传承到第二代、第三代，让孩子从小学习吹笛子，报考北京的中央音乐学院、中国音乐学院去接受专业学习。据了解，中泰乡现在有 10 多个农民子弟考入北京、上海和杭州的专业音乐艺术学校学习笛子演奏。现在在杭州市艺术学校中泰乡的孩子可以说比比皆是，大有人在。

在中泰乡，竹笛已经不仅是一种产品，同时也成为一种地方文化，农民们珍惜它，希望它发扬光大，走进中泰乡，就会听到清脆的笛声不绝于耳。

五、深化竹笛产业内涵，加强公共服务平台建设

随着我国农村改革的不断深化，社会生产力的不断提高和分工分业的纵深发展，中泰乡的农村经济除了基础农业以外，农村工业和服务业逐步形成和发展起来，竹笛文化日益繁荣，竹笛产业向更高层次的文化内涵扩展。

2003 年 6 月 18 日余杭区中泰苦竹业协会成立，拥有团体会员 14 个，个人会员 92 名。

2003 年 7 月 20—25 日，举办首个“笛子之约”全国性竹笛艺术夏令营活动，全国各地（包括香港）有 140 多名笛子爱好者参加活动。同时举

办的“首届中泰论笛”活动，由国内著名笛子演奏家对选送的笛子逐一点评，为推动笛子产业发展跨出重要一步。以后，竹笛夏令营成为中泰乡独具特色的活动，截至2010年已成功举办7次。

2003年9月，中泰乡组织百笛队参加“杭州西湖博览会狂欢节”宣传竹、笛子文化，进一步推动苦竹产业的发展。

2004年7月，在全球乐器网的支持和指导下，中泰乡“笛友之家”网站开通，先后有11家企业注册了企业网站，中泰乡农民进入一个采用现代网络手段进行企业营销和宣传的新阶段。

中泰乡政府与苦竹行业协会共同实施万亩苦竹定向培植标准化示范园区建设项目，该项目2004年被国家标准化管理委员会立项，并在项目推进过程中参与制定笛竹定向培植技术规程和笛用苦竹材地方标准。

2006年，为了普及竹笛演奏技巧，中泰乡与上海笛文化研究所联合，在中泰乡中心小学建立竹笛演奏培训基地。定期邀请名师大家传艺，培养了一批人才。近年来中泰乡还组织苦竹制品生产厂家，先后三次参加北京、上海乐器展览会及杭州西博会上进行竹制产品展销。

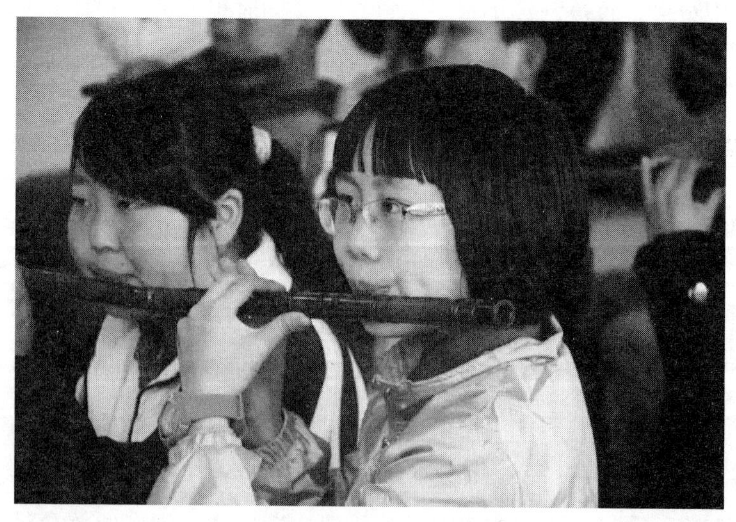

图20

图 21

图 22

多年来，中泰乡广泛深入开展“竹笛文化”活动产生了深远的社会影响，受到各级政府的肯定和表彰。2005 年，中泰乡苦竹协会被评为余杭区先进民间组织，2006 年，中泰乡竹笛行业协会注册的“洞霄宫”牌南箫获得 2006 年最受市场欢迎的杭州市旅游纪念品创意设计作品三等奖，2006 年 6 月，中泰乡被浙江省文化厅命名为“省民间艺术（竹笛）之乡”。中泰乡中心小学把竹笛教学纳入学生的必修课，编撰《竹乡笛韵》教材成为省级课改典范，学校成立了千笛合奏团，每当中泰乡重大活动期间都要组织学生参加表演。中泰乡“竹乡笛韵”特色教育，《中国教育报》、浙江省

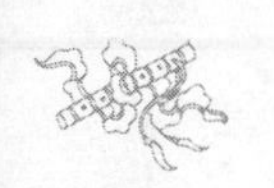

教育电视台、《杭州日报》都曾作过报道，中央电视台七套《每日农经》《致富经》栏目，以“漫山遍野长竹笛”“中泰竹笛”为片名分别做专题介绍，《人民日报》（海外版）2006年7月以《笛乡制笛之父》介绍了制笛大师周林生及中泰竹笛。

六、推动竹笛产业发展纳入余杭区和中泰乡政府重点工作

中泰乡竹笛产业不仅推动了当地农村经济的快速发展，尤其是它所具有的深厚文化内涵以及对该地区文化产业和旅游业的促进作用以及对青少年教育中所起到的重要作用，很快引起浙江省、杭州市委市政府以及余杭区、中泰乡各级领导的高度关注和重视。浙江省副省长章猛进、省林业厅原厅长程渭山，杭州市委原副书记于辉达、副市长孙景森等领导都先后多次深入基地考察调研，对基地建设情况进行指导。

近年来，中泰乡党委、政府在“推进社会主义新农村建设”的指引下，提出了“加快生态环境优化，全面营造绿色中泰”和迈进“南湖时代”，发展“环湖经济”，建设“品质中泰”等一系列中长期发展战略，中泰乡的竹笛产业进入了新的历史发展机遇期。

目前，中泰乡政府已出台了《关于鼓励中泰竹笛产业发展的若干政策意见》，《意见》对发展中泰乡竹笛产业的苦竹林基础设施建设、示范基地建设、对竹笛加工企业的奖励以及休闲观光竹业建设等项内容都做出一系列的规定。此外，中泰乡政府与浙江省林业科学研究院共同编制了《余杭区中泰竹笛产业发展总体规划（2011—2015年）》，《规划》详细论述了制定规划的背景及意义、规划目标、主要建设方案与进度、投资估算与效益分析、保障措施等项内容。

未来“中泰竹笛之乡”发展目标是：通过苦竹笛竹材定向培育现代示范区建设、竹笛标准化生产技术示范园区建设、竹笛品牌建设与提升、竹笛生态旅游推广与营销等手段，使中泰乡的苦竹经营水平和经济效益有明显提高，并提高竹笛的质量和品牌优势。到2015年，使中泰乡的苦竹定向培育面积到3万亩，竹材年产量可达4万吨，加工制作优质高档竹笛乐

器 130 万支，年总产值超 1 亿元，并培育新的龙头企业和壮大现有加工企业，开发生态旅游和休闲观光，实现三产联动，整体提高综合效益，项目建设完成时园区内竹农年人均收入提高 500 元。

通过这份调查报告，人们可以看到：一个具有无限魅力的新中泰乡正在向我们走来，“中泰竹笛之乡”未来更美好。

后　记

此书由董雪华、黄卫东等，在多年前倡议立项编纂，由陆春龄老爷子欣然题写书名，由众多笛箫制作者参与编写。

从开始到出版，几经周折，终于和大家见面了。回想过程，办成不易，感慨万千。

感谢李德华先生不厌其烦地和出版社联系，感谢祁麟先生对本书繁多稿件辛苦的电脑编辑，感谢所有的专家顾问、编委们的支持。

现在可以告慰陆春龄老爷子的在天之灵了。

周林生